从零开始

中文版

Illustrator CS6

基础培训教程

老虎工作室

纪丽 徐孟 王虹 编著

人 民 邮 电 出 版 社

北 京

U0240183

图书在版编目（ＣＩＰ）数据

Illustrator CS6中文版基础培训教程 / 纪丽，徐孟，
王虹编著. -- 北京 ：人民邮电出版社，2014.1（2022.9重印）
（从零开始）
ISBN 978-7-115-34045-0

Ⅰ．①I… Ⅱ．①纪… ②徐… ③王… Ⅲ．①图象处
理软件－教材 Ⅳ．①TP391.41

中国版本图书馆CIP数据核字(2013)第296174号

内 容 提 要

本书根据作者多年的平面设计工作与设计艺术培训教学经验，通过命令讲解与实例结合的形式系统地介绍了 Illustrator CS6 软件的基本使用方法和技巧，具有较强的实用性和参考价值。为了使读者对每一章的学习内容能够融会贯通，在每章后面都精心安排了练习题，通过案例的练习，使读者在较短的时间内熟练掌握 Illustrator CS6 软件的使用方法。

为了方便读者学习，本书配有一张光盘，其中收录了书中操作实例用到的素材、制作结果以及实例的动画演示文件等内容，并配有全程语音讲解，读者可以参照这些动画进行对比学习。

本书内容详实，图文并茂，操作性和针对性都比较强，适合从事平面设计的专业人士和计算机美术爱好者阅读，还可作为高等院校相关专业师生的参考书。

- ◆ 编　　著　老虎工作室　纪　丽　徐　孟　王　虹
　　责任编辑　李永涛
　　责任印制　程彦红
- ◆ 人民邮电出版社出版发行　　北京市丰台区成寿寺路 11 号
　　邮编　100164　　电子邮件　315@ptpress.com.cn
　　网址　http://www.ptpress.com.cn
　　固安县铭成印刷有限公司印刷
- ◆ 开本：787×1092　1/16
　　印张：14.75　　　　　　　　2014 年 1 月第 1 版
　　字数：363 千字　　　　　　2022 年 9 月河北第 18 次印刷

定价：35.00 元（附光盘）

读者服务热线：(010)81055410　印装质量热线：(010)81055316
反盗版热线：(010)81055315
广告经营许可证：京东市监广登字20170147号

关于本书

Adobe 公司推出的 Illustrator 软件，是集矢量图形绘制、印刷排版和文字编辑处理于一体的平面设计软件。由于其功能完善、操作简便易用，自推出之日起就一直受到广大平面设计人员的喜爱。最新的 Illustrator CS6 版本，不仅保持了以前版本的超强功能，而且在图形的绘制和编辑功能方面又有了较大的改进，进一步巩固了它在图形、图案设计以及印刷排版等领域的重要地位。

内容和特点

本书以基础命令讲解并结合典型实例制作的形式，详细地讲解了 Illustrator CS6 软件的使用方法和技巧。本书针对初学者的实际情况，从软件的基本操作入手，深入浅出地讲述软件的基本功能和使用方法。在每一章的最后都给出了练习题，以加深读者对所学内容的掌握。在讲解命令对话框时，本书除对常用参数进行详细介绍外，重要和较难理解的地方也以穿插实例的形式进行了讲解，使读者达到融会贯通、学以致用的目的，并在较短的时间内得以全面地掌握 Illustrator CS6 的基本用法。

全书共分 10 章，各章的具体内容如下。

- 第 1 章：概念与文件基本操作。介绍学习 Illustrator 的有关平面设计基础知识，并对软件的界面做了简单介绍，然后对文件的基本操作做了详细的讲解。
- 第 2 章：基本绘图工具与颜色设置。介绍了基本绘图工具的使用方法，颜色的设置与填充方法以及选择工具的使用。
- 第 3 章：路径和画笔工具。介绍了路径工具的使用技巧及画笔的设置和使用方法。
- 第 4 章：填充工具及混合工具。介绍了各种填充工具的使用方法和技巧。
- 第 5 章：文字工具。介绍了文字的基本输入方法、编辑、编排以及各种控制面板的使用。
- 第 6 章：透视、符号和图表工具。介绍了透视工具、各种符号和图表工具的使用。
- 第 7 章：编辑图形和管理图形。介绍了各种编辑、变形和管理图形工具的使用方法和操作技巧。
- 第 8 章：辅助功能。介绍了有关辅助功能和命令，包括参考线、标尺、网格、图层和蒙版等。
- 第 9 章：效果的应用。介绍了效果菜单中每一个命令的功能。
- 第 10 章：VI 企业形象设计。综合前面学过的工具和菜单命令介绍企业 VI 的设计方法，使读者达到学以致用的目的。

读者对象

本书以介绍 Illustrator CS6 软件的基本工具和菜单命令操作为主，是为将要从事图案设计、地毯设计、服装效果图绘制、平面广告设计、工业设计、室内外装潢设计、CIS 企业形象策划、产品包装造型设计、网页制作、印刷制版等工作的人员及计算机美术爱好者而编写的。本书适合作为 Illustrator 培训教材，也可作为大中专院校学生的自学教材和参考资料。

附盘内容及用法

为了方便读者学习，本书配有一张光盘，主要内容如下。

一、"图库"目录

该目录下包含"第 01 章"、"第 03 章"～"第 10 章"共 9 个子目录，分别存放本书对应章节图例及范例制作过程中用到的原始素材。

二、"作品"目录

该目录下包含 10 个子目录，分别存放本书对应章节范例制作的最终效果。读者在制作完范例后，可以与这些效果进行对照，查看自己所做的是否正确。

三、"avi"目录

该目录下包含 10 个子目录，分别存放本书对应章节中课堂实训和课后作业案例的动画演示文件。读者如果在制作范例时遇到困难，可以参照这些演示文件进行对比学习。

注意：播放动画演示文件前要安装光盘根目录下的"tscc.exe"插件，否则可能导致播放失败。

四、PPT 文件

本书提供了 PPT 文件，以供教师上课使用。

感谢您选择了本书，也欢迎您把对本书的意见和建议告诉我们。
老虎工作室网站 http://www.ttketang.com，电子邮件 ttketang@163.com。

老虎工作室

2013 年 12 月

目　录

第1章 概念与文件基本操作

Illustrator 是 Adobe 公司开发的集图形绘制与设计、文字编辑、图形高品质导出于一体的矢量图软件，它被广泛应用于平面广告设计、网页图形制作及艺术效果处理等诸多领域。利用 Illustrator，无论是绘制简单的图形，还是进行复杂的设计，都可以让用户得心应手。本软件还具有强大的图形优化功能，可根据广大网页设计者的需要设计出适于网上发布的图形。另外，使用滤镜和位图命令，不仅能让用户对矢量图进行艺术效果处理，还可以对位图进行编辑或制作特殊的艺术效果。

鉴于 Illustrator 软件的许多特性，本书主要讲解最新版本 Illustrator CS6 的强大功能和使用方法，首先来介绍一下有关该软件的基本概念。

【学习目标】
- 理解位图和矢量图的概念。
- 熟悉 Illustrator CS6 软件窗口。
- 掌握窗口的调整操作。
- 掌握工具箱中工具的使用方法。
- 掌握文件的新建、打开、置入、导出、存储和关闭命令。
- 掌握矢量图转换位图的方法。
- 学习名片的设计。

1.1 基本概念及软件窗口

根据使用软件以及最终存储方式的不同，平面设计作品主要分为两大类，即矢量图形和位图图像。在图形图像处理过程中，分清这两种不同类型的文件所具有的不同性质非常重要，下面分别介绍有关矢量图形和位图图像的内容。在使用 Illustrator 进行工作之前，首先来认识一下 Illustrator 目前最高版本 Illustrator CS6 的界面，新版本的工作界面更为直观，操作更为灵活，进一步提高了该软件在图形图像设计领域中的地位。

1.1.1 认识 Illustrator CS6 软件

Illustrator CS6 作为一款专业的矢量图形图像处理软件，自问世以来便备受平面设计人员的青睐，在许多方面有着广泛的应用。Illustrator CS6 的应用领域包括（但不限于以下几种）印刷排版、适量图形绘制、Web 图形的制作和处理、移动设备图形处理、网页设计等。

1.1.2 位图与矢量图的基本概念

位图和矢量图，是根据运用软件以及最终存储方式的不同而生成的两种不同的文件类型。在图像处理过程中，分清位图和矢量图的不同性质是非常必要的。

一、位图

位图，也叫光栅图，是由很多个像小方块一样的颜色网格（即像素）组成的图像。位图中的像素由其位置值与颜色值表示，也就是将不同位置上的像素设置成不同的颜色，即组成了一幅图像。图 1-1 所示为一幅图像的小图及放大后的显示对比效果，从图中可以看出像素的小方块形状与不同的颜色。所以，对于位图的编辑操作实际上是对位图中的像素进行的编辑操作，而不是编辑图像本身。由于位图能够表现出颜色、阴影等一些细腻色彩的变化，因此，位图是图像的一种具有色调的数字表示方式。

图1-1 位图图像小图与放大后的显示对比效果

位图具有以下特点。

- 图像文件所占的空间大。用位图存储高分辨率的彩色图像需要较大的储存空间，这是因为像素之间相互独立，所占的硬盘空间、内存和显存都比矢量图大。
- 会产生锯齿。位图是由最小的色彩单位"像素点"组成的，所以位图的清晰度与像素点的多少有关。位图放大到一定的倍数后，看到的便是一个一个的像素，即一个一个方形的色块，整体图像便会变得模糊且会产生锯齿。
- 位图图像在表现色彩、色调方面的效果比矢量图更加优越，尤其是在表现图像的阴影和色彩的细微变化方面效果更佳。

在平面设计方面，制作位图的软件主要是 Adobe 公司推出的 Photoshop，该软件可以说是目前平面设计中图形图像处理的首选软件。

二、矢量图

矢量图，又称向量图，是由图形的几何特性来描述组成的图像，其特点如下。

- 文件小。由于图像中保存的是线条和图块的信息，所以矢量图形与分辨率和图像大小无关，只与图像的复杂程度有关。简单图像所占的存储空间小。
- 图像大小可以无级缩放。在对图形进行缩放、旋转或变形操作时，图形仍具有很高的显示和印刷质量，且不会产生锯齿模糊效果。如图 1-2 所示为矢量图小图和放大后的显示对比效果。
- 可采取高分辨率印刷。矢量图形文件可以在任何输出设备及打印机上以打印机或印刷机的最高分辨率打印输出。

在平面设计方面，制作矢量图的软件主要有 CorelDRAW、Illustrator、InDesign、Freehand、PageMaker 等，用户可以用这些软件对图形和文字等进行处理。

图1-2 矢量图小图和放大后的显示对比效果

1.1.3 Illustrator CS6 软件窗口介绍

单击 Windows XP 界面左下角的 按钮，弹出【开始】菜单，依次选择【所有程序】/【Adobe Illustrator CS6】命令，屏幕上出现 Illustrator CS6 启动画面，随后即可启动 Illustrator CS6。在工作区中打开一幅矢量图形，其默认的工作界面窗口布局如图 1-3 所示。

图1-3 Illustrator CS6 界面窗口及各部分名称

Illustrator CS6 的界面按其功能可分为菜单栏、控制栏、工具箱、状态栏、滚动条、控制面板、页面打印区域和工作区等几部分。下面介绍各部分的功能和作用。

一、菜单栏

菜单栏中包括【文件】、【编辑】、【对象】、【文字】、【选择】、【效果】、【视图】、【窗口】和【帮助】等 9 个菜单。单击任意一个菜单，将会弹出相应的下拉菜单，其中包含若干个子命令，选择任意一个子命令即可执行相应的操作。菜单栏右侧有 3 个按钮，两个按钮用于控制界面的显示大小，按钮用于退出 Illustrator CS6 软件。

二、控制栏

在控制栏中包含一些常用的控制选项及参数设置，用于快速地执行相应的操作。

三、工具箱

工具箱的默认位置在工作区的左侧，它是 Illustrator 软件常用工具的集合，包括各种选择工具、绘图工具、文字工具、编辑工具、符号工具、图表工具、效果工具、更改前景色和背景色的工具等。

四、状态栏

状态栏位于文件窗口的底部，显示页面的当前显示比例和相应的其他工具信息。在比例

3

窗口中输入相应的数值，就可以直接修改页面的显示比例。

五、 滚动条

在绘图窗口的右下角和右侧各有一条滚动条，单击滚动条两端的三角按钮或直接拖曳中间的滑块可以移动打印区域和图形在页面中的位置。

六、 控制面板

Illustrator CS6 软件系统中提供了各种控制面板，它们的默认位置位于绘图窗口的最右侧，按住任一控制面板上方的选项卡区域拖曳也可以将其移动至页面中的任意位置。利用相应控制面板可以辅助工具或菜单命令对操作对象进行控制和编辑等，不同的控制面板在实际操作过程中发挥着不同的作用。随着其功能的不断改进和完善，控制面板已成为运用 Illustrator 编辑对象不可缺少的重要手段。

七、 页面打印区域

页面打印区域是位于界面中间的一个矩形区域，可以在上面绘制图形、编辑文本或排版等。作品如果要打印输出，只有页面打印区以内的内容才可以完整地输出，页面打印区以外的内容将不会被打印。

> **要点提示** 在新建文件时，Illustrator 系统默认的打印区大小为 210mm×297mm，也就是常说的 A4 纸张大小。在广告设计中常用的文件尺寸有 A3（297mm×420mm）、A4（210mm×297mm）、A5（148mm×210mm）、B5（182mm×257mm）和 16 开（184mm×260mm）等。

八、 工作区

工作区是指 Illustrator CS6 工作界面中的大片白色区域，工具箱和各种控制面板都在工作区内。

> **要点提示** 为了获得较大的空间显示图像，在绘图过程中可以将工具箱、控制面板和属性栏隐藏，以便将它们所占的空间用于图像窗口的显示。按键盘上的 Tab 键，可以将工作界面中的控制栏、工具箱和控制面板同时隐藏；再次按 Tab 键，可以使它们重新显示出来。

1.1.4 调整窗口大小

在 Illustrator CS6 标题栏的右侧有控制窗口大小的 3 个按钮 ▢ ▢ ▢ 。当单击 ▢ 按钮时，工作界面将呈最小化状态，并且显示在 Windows 系统的任务栏中。在任务栏中单击最小化图标，可以使 Illustrator CS6 软件的界面还原为最大化显示；当单击 ▢ 按钮时，可以使工作界面变为还原状态，此时按钮变为 ▢ 形态，再次单击此按钮可以将还原后的工作界面最大化显示；当单击 ✕ 按钮时，可以将当前工作界面关闭，退出 Illustrator CS6 软件。

在文件标题栏的右侧也有 3 个按钮 ▢ ▢ ✕ ，其功能和标题栏中的相同。单击 ▢ 按钮，文件即变为还原状态。

1.1.5 工具箱

工具箱默认位于界面窗口的左侧，包含各种选择工具、绘图工具、文字工具、编辑工具、符号工具、图表工具、效果工具、前景色和背景色设置以及各种屏幕模式设置等。将鼠标指针放置在工具箱上方的灰色条区域内，按下鼠标左键并拖曳即可改变工具箱在工作区中的位置。单击工具箱中最上方的 ▶▶ 按钮，可以将工具箱转换为单列或双列显示。

当鼠标指针移动到工具箱中的任一工具上时，该工具将变为彩色凸出显示，如果鼠标指针在工具上停留一段时间，鼠标指针的右下角会显示该工具的名称。单击工具箱中的任一工具可将其选定。绝大多数工具的右下角带有黑色的小三角形，表示该工具是个工具组，还有其他隐藏的同类工具。将鼠标指针放置在有黑色小三角形的工具上，按下鼠标左键不放或单击鼠标右键，隐藏的工具即可显示出来。在展开工具组中的任意一个工具上单击，即可将其选定。工具箱及其所有隐藏的工具如图1-4所示。

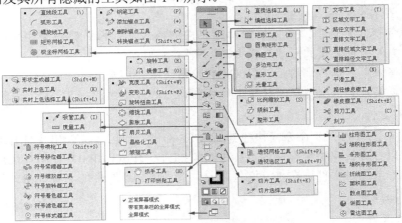

图1-4　工具箱及所有隐藏的工具

1.2　文件基本操作

本节将详细讲解 Illustrator 软件系统中新建及打开文件的基本操作。

1.2.1　功能讲解

本节介绍 Illustrator CS6 中文件的新建和打开命令。

一、新建文件

启动 Illustrator CS6，执行【文件】/【新建】命令（快捷键为 Ctrl+N 组合键），会弹出【新建文档】对话框，在此对话框中可以设置新建文件的名称、配置文件、大小等。在对话框中单击 ▶ 按钮时，可显示更多的选项，如图 1-5 所示。单击 确定 按钮，即可新建一个文件。

图1-5　【新建文档】对话框

- 【名称】选项：设置新建文件的名称，默认情况下为"未标题-1"。
- 【配置文件】选项：用于设置不同应用目的的文件，如打印、网站、视频胶片等。
- 【画板数量】选项：用于设置新建文件在同

5

一工作区内画板的数量。

- 【大小】选项：用于设置新建文档的尺寸，如 A4、A3、B5 等。
- 【宽度】和【高度】选项：决定新建文件的宽度和高度值，可以在右侧的文本框中输入数值进行自定义设置。
- 【单位】选项：决定文件采用的单位，系统默认的单位为"毫米"。
- 【出血】选项：激活右侧的"使所有设置相同"按钮，可使新建文档的四面出血设置的数值相同。否则，可在文件的四面分别设置不同的出血数值。
- 【取向】选项：决定新建页面竖向或横向排列，右侧的 按钮代表竖向排列， 按钮代表横向排列。
- 【颜色模式】选项：可以设置新建文件的模式，如果创建的文件是用于网上发布文件的色彩模式应该选择 RGB 颜色。
- 【栅格效果】选项：用于设置文件在输出时的分辨率。
- 【预览模式】选项：用于设置文件在预览时的显示模式。

二、打开文件

执行【文件】/【打开】命令（快捷键为 Ctrl+O 组合键），会弹出【打开】对话框，利用该对话框可以打开计算机中存储的 AI、PDF、TIFF、JPEG、PSD、PNG、CDR 和 EPS 等多种格式的图形或图像文件。在打开文件之前，首先要知道文件的名称、格式和存储路径，这样才能顺利地打开文件。

三、置入文件

执行【文件】/【置入】命令，会弹出如图 1-6 所示的【置入】对话框，利用此对话框可以置入计算机中存储的 AI、PDF、TIFF、JPEG、PSD、PNG、CDR 和 EPS 等多达 27 种格式的图形、图像文件，可以以嵌入或链接的形式被置入，也可以作为模板文件置入。

- 【链接】选项：勾选此复选项，被置入的图形或图像文件与 Illustrator 文档保持独立，最终形成的文件不会太大，当链接的原文件被修改或编辑时，置入的链接文件也会自动修改更新；若不勾选此项，置入的文件会嵌入到 Illustrator 文档中，该文件的信息将完全包含在 Illustrator 文档中，形成一个较大的文件，并且当链接的文件被编辑或修改时，置入的文件不会自动更新。默认状态下此选项处于被勾选状态。
- 【模板】选项：勾选此复选项，将置入的图形或图像创建为一个新的模板图层，并用图形或图像的文件名称为该模板命名。
- 【替换】选项：如果在置入图形或图像文件之前，页面中具有被选择的图形或图像，勾选此复选项，可以用新置入的图形或图像替换被选择的原图形或图像。页面中如没有被选择的图形或图像文件，此选项不可用。

四、导出文件

执行【文件】/【导出】命令，会弹出【导出】对话框，利用此对话框可以把绘制或打开的文档导出为多达 13 种其他格式的文件，以便于在其他软件中打开并进行编辑处理。

Illustrator 导出文件最常用的文件格式有"*.DWG"格式，利用此种格式输出的文件可以在类似于 AutoCAD 的制图软件系统中打开；"*.JPG"格式，此种格式是 Photoshop 软件系统中常用的文件压缩格式；"*.PSD"格式，利用此种格式输出的图形文件中如果包含有图层，输出之后在 Photoshop 软件系统中打开，图层将各自独立存在；"*.TIF"格式，此种格式是制版输出时的常用文件格式，适合于在多种软件系统打开或置入。

在【打开】对话框的【保存类型】中设置 Photoshop（*.PSD, *.PDD）格式，单击 保存(S) 按钮，弹出如图 1-7 所示的【Photoshop 导出选项】对话框。

- 【颜色模式】选项：在此下拉列表中可以设置输出文件的模式，其中包括 "RGB"、"CMYK"和"灰度"3 种颜色模式。
- 【分辨率】选项：在此选项中可以设置输出文件的分辨率，来决定输出后图形文件的清晰度。
- 【消除锯齿】选项：设置此选项，输出的图形边缘较为清晰，不会出现粗糙的锯齿效果。
- 【写入图层】单选项：选中此选项，输出的图形文件将保留图形在 Illustrator 软件中原有的图层。

图1-6　【置入】对话框

图1-7　【Photoshop 导出选项】对话框

五、 存储文件

在 Illustrator CS6 中，文件的存储主要包括【存储】、【存储为】、【存储副本】和【存储模板】4 种方式。当新建的文件第一次存储时，【文件】菜单中的【存储】和【存储为】命令功能相同，都是将当前文件命名后存储，并且都会弹出【存储为】对话框。

如果是对打开的文件编辑后或者是新建的文件已经存储过，想重新存储时，就应该正确区分【存储】和【存储为】命令的不同。【存储】命令是在覆盖原文件的基础上直接进行存储，不弹出【存储为】对话框；而【存储为】命令仍会弹出【存储】对话框，它是在原文件不变的基础上将编辑后的文件重新命名并进行另存。如果用【存储副本】命令，就可以把文件利用副本的形式存储在相同的文件夹下。利用【存储模板】命令，可以把编排的版面按照模板的形式存储，方便以后对文件进行大批量的编排和应用。

　【存储】命令的快捷键为 Ctrl+S 组合键，【存储为】命令的快捷键为 Shift+Ctrl+S 组合键，【存储副本】命令的快捷键为 Alt+Ctrl+S 组合键。在绘图过程中，一定要养成随时存盘的好习惯，以免因断电、死机等突发情况造成不必要的麻烦。

六、 关闭文件

执行【文件】/【关闭】命令（快捷键为 Ctrl+W 组合键），可以关闭当前文件。如果是打开的文件编辑后或新建的文件没有存储，系统会给出提示，让用户决定是否保存。

1.2.2　范例解析——将矢量图转换为位图

在实际工作过程中，经常需要将矢量图转换成位图，然后再进行效果处理，其转换方法主要有两种，下面分别来介绍。

1. 启动 Illustrator CS6 软件系统。
2. 执行【文件】/【打开】命令，在附盘中打开"图库\第 01 章\校园女孩.ai"文件，如图 1-8 所示。

图1-8　打开的文件

3. 执行【文件】/【导出】命令，弹出如图 1-9 所示的【导出】对话框。
4. 在【导出】对话框中将【保存类型】设置为"TIFF （*.TIF"），在【保存在】下拉列表中选择如图 1-10 所示的盘符。

图1-9　【导出】对话框

图1-10　选择的盘符

5. 在新弹出的【导出】对话框中，单击【创建新文件夹】按钮 ，创建一个新文件夹。

6. 在创建的文件夹中输入"导出文件"文件夹名称，然后双击刚创建的文件夹将其打开，在【文件名】中输入导出文件的名称。

7. 单击 保存(S) 按钮，弹出如图 1-11 所示的【TIFF 选项】对话框。

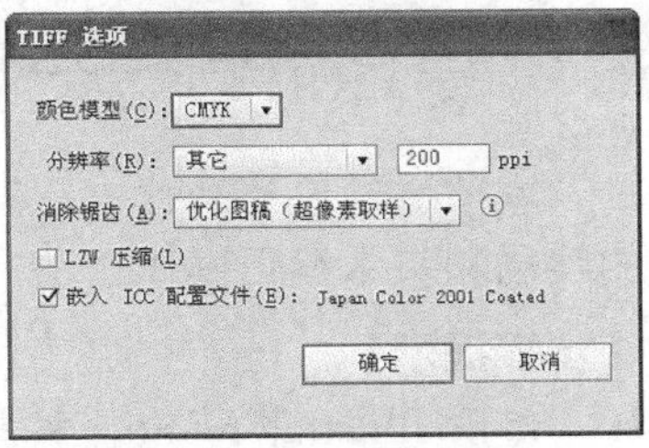

8. 单击 确定 按钮，矢量图即被转换成位图。启动 Photoshop 软件系统，就可以对转换的位图进行各种效果的添加和处理了。

图1-11　【转换位图】对话框

下面再来学习将矢量图转换成位图的另一种方法。

🔑 在 Illustrator 软件中直接转换成位图

1. 启动 Illustrator CS6，再次打开"校园女孩.ai"文件，然后选择工具箱中的 ▶ 按钮，将打开的"校园女孩"图形全部选择。

2. 执行【对象】/【栅格化】命令，在弹出的【栅格化】对话框中设置【颜色模型】和【分辨率】选项后单击 确定 按钮，即可将矢量图转换成位图。

1.2.3　课堂实训——切换文件窗口

在绘制图形时如果创建了多个文件，并且在多个文件之间需要交换绘制的图形，此时就会遇到文件窗口的切换问题，下面介绍文件窗口的切换操作。

【步骤提示】

1. 执行【文件】/【打开】命令，打开附盘中"图库\第 01 章"目录下名为"芭蕾 01.ai"、"芭蕾 01.ai"和"卡通.ai"文件。

2. 此时窗口中所显示的是最后打开的"卡通.ai"文件，如图 1-12 所示。打开的这 3 个文件将罗列在【窗口】菜单栏中的最下方，如图 1-13 所示。

图1-12　打开的文件

图1-13　罗列的文件

3. 直接在工作窗口中罗列的文件的标题栏中单击即可把文件设置为当前显示状态。

1.3　综合案例——设计名片

　　本节通过设计名片来练习本章所介绍的文件基本操作命令，同时也学习和掌握一些图形的绘制和基本编辑操作方法，名片最终效果如图 1-14 所示。

【步骤提示】

1. 启动 Illustrator CS6，按照默认的名称创建一个新的"未标题-1"文档。
2. 在工具箱中选择 ▣ 工具，在页面中单击鼠标左键，弹出【矩形】对话框，参数设置如图 1-15 所示。
3. 单击　确定　按钮，在页面中创建矩形。
4. 在工具箱中选择 ▶ 工具，将矩形选择。执行【窗口】/【颜色】命令，打开【颜色】面板，设置颜色参数如图 1-16 所示，填充颜色后的矩形如图 1-17 所示。

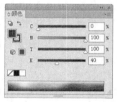

图1-14　设计的名片　　　　　　　图1-15　【矩形】对话框　　　　　　图1-16　【颜色】面板

5. 执行【文件】/【置入】命令，将附盘中"图库\第 01 章"目录下名为"牡丹花.psd"文件置入，如图 1-18 所示。
6. 将鼠标指针放置在图形变换框右上角的控制点上，按下鼠标左键，同时再按住 Shift 和 Alt 键，向图形内部拖动，将牡丹花缩小到如图 1-19 所示的大小。

图1-17　填充颜色后的效果　　　　　　图1-18　置入的牡丹花　　　　　　图1-19　缩小牡丹花

7. 选择 ↻ 工具，将鼠标指针移动到牡丹花上按下鼠标左键并拖动来旋转牡丹花的角度，如图 1-20 所示。
8. 选择 ▣ 工具，绘制出如图 1-21 所示的矩形，然后按住 Shift 键选中牡丹花，将其同时选择。
9. 执行【对象】/【剪切蒙版】/【建立】，将牡丹花剪切成如图 1-22 所示的状态。

图1-20　旋转角度　　　　　　　图1-21　绘制的矩形　　　　　　图1-22　剪切蒙版后的效果

10. 用同样的方法，再制作出如图 1-23 所示的牡丹花效果。

11. 执行【文件】/【置入】命令，将附盘中"图库\第 01 章"目录下名为"首饰.psd"的文件置入，调整大小后放置在如图 1-24 所示位置。

12. 执行【文件】/【打开】命令，将附盘中"图库\第 01 章"目录下名为"月美人标志.ai"文件打开。

13. 将标志选择后执行【复制】命令，然后将"未标题-1"文件切换为工作窗口，执行【粘贴】命令，将标志粘贴到名片中，调整大小后放置在如图 1-25 所示的位置。

图1-23 制作的另一个牡丹花

图1-24 首饰放置的位置

图1-25 标志放置的位置

14. 打开【颜色】面板，将标志填充为白色，如图 1-26 所示。

15. 在工具箱下面将【填色】设置为白色，选择✐工具，在画面中单击绘制出如图 1-27 所示的白色的圆点。

16. 选择 T 工具，在名片中输入人名、职务、联系方式等文字内容，完成名片的设计，如图 1-28 所示。

图1-26 填充白色

图1-27 绘制的白色圆点

图1-28 设计完成的名片

17. 执行【文件】/【存储为】命令，弹出【存储为】对话框，将【文件名】输入为"名片制作"后单击 保存(S) 按钮，将文件保存。

1.4 课后作业

一、简答题

1. 简述矢量图和位图的区别与联系。

2. 简述 Illustrator CS6 软件系统的界面按其功能主要分为几部分，各部分的名称及功能和作用。

3. 简述文件的新建、打开与存储方法。

二、操作题

1. 将附盘中"图库\第 01 章"目录下名为"月美人标志.ai"的文件打开，将该标志导出为".PSD"格式文件。

2. 读者动手设计一张自己的名片。

第2章 基本绘图工具与颜色设置

由于 Illustrator 工具箱中的工具比较多，所以本书按照不同的功能和用法进行了分类，将工具箱分成几个部分来讲解。绘制图形、给图形设置和填充颜色以及选择图形等操作是学习 Illustrator 软件最基础的知识，所以本章先来学习这些基本工具的使用方法。

【学习目标】

- 掌握【矩形】工具□、【圆角矩形】工具□和【椭圆】工具◎的使用方法。
- 掌握【多边形】工具◎、【星形】工具☆和【光晕】工具◎的使用方法。
- 掌握颜色的设置和填充方法。
- 掌握图形的选择、变换、移动、复制等操作。

2.1 基本绘图工具应用

基本绘图工具包括【矩形】工具□、【圆角矩形】工具□、【椭圆】工具◎、【多边形】工具◎、【星形】工具☆和【光晕】工具◎等，下面分别来介绍。

2.1.1 功能讲解

本节来介绍基本绘图工具的使用方法及相关参数设置面板。

一、 【矩形】工具

利用【矩形】工具□可以绘制矩形或正方形。在此工具被选中的情况下，直接在页面中按下鼠标左键并拖曳即可绘制出矩形。

要绘制精确尺寸的矩形，则在此工具被选中的情况下，在页面中单击鼠标左键，弹出如图 2-1 所示的【矩形】对话框，在【宽度】和【高度】两个文本框中分别输入数值，即可创建指定尺寸的矩形。

 在绘制矩形时，如果按住 Shift 键，可以绘制由鼠标按下点为起点的正方形。如按住 Alt 键可以绘制由鼠标按下点为中心向两边延伸的正方形。如按住 Shift+Alt 组合键可以绘制由鼠标按下点为中心向四周延伸的正方形。

二、 【圆角矩形】工具

【圆角矩形】工具□的作用是绘制圆角矩形，如果设置合适的参数，此工具还可以绘制圆形。在工具箱选择该工具，在页面中单击鼠标左键，弹出如图 2-2 所示的【圆角矩形】对话框。其中的【宽度】和【高度】选项用于定义矩形的大小；【圆角半径】选项用于定义圆角半径值的大小。

在绘制圆角矩形时，按住 Shift 键可以绘制由鼠标按下点为起点的圆角正方形；按住 Alt 键可以绘制由鼠标按下点为中心向两边延伸的圆角矩形；按住 Shift+Alt 组合键可以绘制由鼠标按下点为中心向四周延伸的圆角正方形；按←或→键，可以设置是否绘制圆角矩形。

三、 【椭圆】工具

【椭圆】工具◉的作用是在页面中绘制椭圆形或圆形。

要绘制精确的椭圆形，则在此工具被选中的情况下，在页面中单击鼠标左键，弹出如图 2-3 所示的【椭圆】对话框。在【宽度】和【高度】两个选项中可以按照定义的大小创建椭圆形。当这两个选项的数值相同时，可以在页面中创建圆形。

图2-1 【矩形】对话框   图2-2 【圆角矩形】对话框   图2-3 【椭圆】对话框

在绘制椭圆形时，按住 Shift 键可以绘制由鼠标按下点为起点的圆形；按住 Alt 键可以绘制由鼠标按下点为中心向两边延伸的椭圆形；按住 Shift+Alt 组合键可以绘制由鼠标按下点为中心向四周延伸的圆形。

四、 【多边形】工具

【多边形】工具◉的作用是绘制任意边数的多边形。当设置相应的参数后，此工具也可以绘制圆形。

要绘制精确的多边形，则在此工具被选中的情况下，在页面中单击鼠标左键，弹出如图 2-4 所示的【多边形】对话框。【半径】选项用于设置创建多边形的半径大小；【边数】选项用于设置创建多边形的边数。边数值越大，生成的多边形越接近于圆形。

在绘制多边形时，拖曳鼠标的同时可旋转所绘制的多边形；按住 Shift 键，可以确保多边形的底边与水平面对齐；按↑键，可以增加多边形的边；按↓键，可以减少多边形的边数。

五、 【星形】工具

【星形】工具☆的作用是在页面中绘制不同形状的星形图形。在此工具被选中的情况下，在页面中单击鼠标左键，弹出如图 2-5 所示的【星形】对话框，利用该对话框可以设置创建星形角的大小以及角的数量。

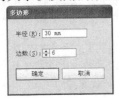

图2-4 【多边形】对话框   图2-5 【星形】对话框

当【半径 1】和【半径 2】选项的数值相同时，将生成多边形，且多边形的边数为【角点数】数值的两倍。在绘制星形时，按↑键可以增加星形的边数，按↓键可以减少星形的边数。

六、 【光晕】工具

【光晕】工具◉主要用于表现灿烂的日光、镜头光晕等效果，图 2-6 所示为使用此工具绘制的光晕效果。双击工具箱中的【光晕】工具 、按 Enter 键或在页面中单击鼠标左键，都可弹出如图 2-7 所示的【光晕工具选项】对话框。

图2-6　绘制的光晕效果

图2-7　【光晕工具选项】对话框

在【居中】栏中包含以下 3 个选项。

- 【直径】选项：设置该参数，可控制光晕效果的整体大小。
- 【不透明度】选项：设置该参数，可控制光晕效果的透明度。
- 【亮度】选项：设置该参数，可控制光晕效果的亮度。

在【光晕】栏中包含以下两个选项。

- 【增大】选项：设置该参数，可控制光晕效果的发光程度。
- 【模糊度】选项：设置该参数，可控制光晕效果中光晕的柔和程度。

在【射线】栏中包含以下 3 个选项。

- 【数量】选项：设置该参数，可控制光晕效果中放射线的数量。
- 【最长】选项：设置该参数，可控制光晕效果中放射线的长度。
- 【模糊度】选项：设置该参数，可控制光晕效果中放射线的密度。

在【环形】栏中包含以下 4 个选项。

- 【路径】选项：设置该参数，可控制光晕效果中心与末端的距离。
- 【数量】选项：设置该参数，可控制光晕效果中光环的数量。
- 【最大】选项：设置该参数，可控制光晕效果中光环的最大比例。
- 【方向】选项：设置该参数，可控制光晕效果的发射角度。

选择【光晕】工具 ，在页面中按下鼠标左键并拖曳，确定光晕效果的整体大小。释放鼠标左键后，移动鼠标指针至合适位置，确定光晕效果的长度，单击后即可完成光晕效果的绘制。

要点提示　按住 Alt 键在页面中拖曳鼠标指针，可一步完成光晕效果的绘制。在绘制光晕效果时，按住 Shift 键可以约束放射线的角度；按住 Ctrl 键可以改变光晕效果的中心点与光环之间的距离；按 ↑ 键，可以增加放射线的数量；按 ↓ 键，可以减少放射线的数量。

2.1.2　范例解析——绘制雪花图形

本节通过绘制如图 2-8 所示的雪花图形来练习基本绘图工具的使用方法。

1. 在 Illustrator CS6 软件中创建一个新的文档。
2. 选择 ☆ 工具，在页面中单击鼠标左键，弹出【星形】对话框，参数设置如图 2-9 所示。

3. 单击 ▢确定 按钮，在页面中创建如图 2-10 所示的蓝色（C:100,Y:100）星形，在属性栏中设置【描边】参数为"5pt"。

图2-8　雪花图形　　　　　　　　图2-9　【星形】对话框　　　　　　图2-10　绘制的图形

4. 选择 ◉ 工具，在页面中创建一个椭圆形，为椭圆形填充渐变色，颜色设置为浅蓝色（C:66,M:4,Y:12）至深蓝色（C:90,M:80）的径向渐变色，效果如图 2-11 所示。

5. 将刚绘制的图形选中，选择 ◔ 工具，按住 Alt 键并在页面中单击，弹出【旋转】对话框，设置参数如图 2-12 所示。单击 复制(C) 按钮，复制出如图 2-13 所示的图形。

图2-11　绘制的图形　　　　　　　图2-12　【旋转】对话框　　　　　　图2-13　复制出的图形

6. 按 Ctrl + D 组合键，重复复制出如图 2-14 所示的图形。

7. 选择 ▢ 工具，在页面中创建一个矩形，并填充上渐变色，将矩形旋转至如图 2-15 所示的状态。

8. 执行【对象】/【排列】/【置于底层】命令，然后执行【对象】/【变换】/【对称】命令，弹出【镜像】对话框，其选项设置如图 2-16 所示。

图2-14　复制出的图形　　　　　　图2-15　绘制的图形　　　　　　　图2-16　【镜像】对话框

9. 单击 复制(C) 按钮，镜像复制出一个图形，如图 2-17 所示。

10. 同时选中左右两个图形，按住 Shift 键和 Alt 键向上移动复制出如图 2-18 所示的图形。

图2-17　复制出的图形　　　　　　　　　　图2-18　复制出的图形

11. 按住 |Shift| 键，将上下两组图形选中，执行【对象】/【编组】命令，将图形编组。

12. 选择 🔄 工具，按住 |Alt| 键，在页面中单击，弹出【旋转】对话框，参数设置如图 2-19 所示。单击 复制(C) 按钮，然后把复制出的图形移动到如图 2-20 所示的位置。

13. 连续按 4 次 |Ctrl|+|D| 组合键，旋转复制出如图 2-21 所示的图形。

图2-19　【旋转】对话框

图2-20　复制出的图形

图2-21　旋转复制出的图形

14. 选择 ⬭ 工具，绘制一个椭圆形，将椭圆形填充上渐变色，颜色设置为白色到蓝色（C:66,M:4,Y:12）的径向渐变，效果如图 2-22 所示。

15. 至此，一个简单的雪花图案绘制完成，整体效果如图 2-23 所示。

图2-22　绘制的图形

图2-23　绘制的雪花

16. 执行【文件】/【存储为】命令，将文件命名为"雪花.ai"并保存。

2.1.3　课堂实训——绘制城堡

本节通过绘制如图 2-24 所示的城堡，来练习基本绘图工具的使用方法。

【步骤提示】

1. 启动 Illustrator CS6 软件，创建一个新文档。

2. 利用 ▣ 工具绘制一个矩形，并填充由深蓝色（C:88,M:40）到浅蓝色（C:46,M:6）的径向渐变，效果如图 2-25 所示。

3. 利用 ☆ 工具绘制一个三角形，打开【渐变】面板并设置渐变颜色如图 2-26 所示。

图2-24　绘制的城堡

图2-25　填充渐变颜色效果

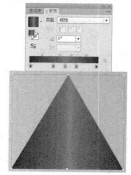

图2-26　绘制的图形

4. 利用 ◎ 工具绘制出如图 2-27 所示具有渐变颜色的图形。

5. 选择 ▣ 工具,在三角形的下面绘制一个矩形,并添加如图 2-28 右图所示的渐变色,效果如图 2-28 左图所示。

图2-27　绘制的图形

图2-28　绘制的矩形

6. 利用 ◎ 工具和 ▣ 工具,绘制出如图 2-29 所示的图形。

7. 将矩形与圆形同时选择,执行【对象】/【编组】命令,将其编组,然后按住 Shift+Alt 组合键向右移动复制出另外两个图形,如图 2-30 所示。

图2-29　绘制的图形

图2-30　复制出的图形

8. 利用 ▣ 工具在画面中绘制出两个黑色矩形,如图 2-31 所示。

9. 按住 Shift 键选择图形,再通过复制得到如图 2-32 所示的图形。

10. 选择 ◎ 工具,绘制圆角矩形,并填充浅蓝色(C:13,M:6)到蓝色(C:84,M:6)的线性渐变色,效果如图 2-33 所示。

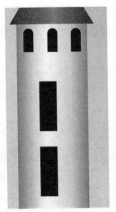

图2-31　绘制的图形

图2-32　复制出的图形

图2-33　绘制的图形

11. 执行【对象】/【排列】/【后移一层】命令,将圆角矩形放置到三角形的下面,然后利用 ▣ 工具再绘制几个黑色矩形,用来表示城堡的窗户,如图 2-34 所示。

12. 利用 ⬭ 工具和 ⬜ 工具绘制出城堡的门和窗，颜色为深蓝色（C:100,M:100,Y:25,K:25），
    效果如图 2-35 所示。

13. 按住 Shift 键，将前面的城堡图形选择，然后按住 Alt 键移动复制城堡图形。

14. 连续执行【对象】/【排列】/【置于底层】命令和【后移一层】命令，将复制出的城堡
    图形放置在如图 2-36 所示的位置。

图2-34　绘制的图形

图2-35　绘制的图形

图2-36　复制出的城堡

15. 利用 ⬭ 工具绘制一个六边形，如图 2-37 所示。

16. 选择 ⬚ 工具，将吸管放置到如图 2-38 所示的位置后单击，即可把填充的渐变颜色复制
    到六边形上，如图 2-39 所示。

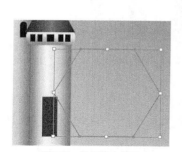
图2-37　绘制的六边形

图2-38　复制填充状态

图2-39　复制的填充颜色

17. 按 Ctrl+[组合键，将六边形放置到城堡的下面，然后利用 ▶ 工具将六边形在垂直方向
    上压缩到如图 2-40 所示的形状。

18. 利用 ⬜ 工具从六边形的中间位置向下绘制一个矩形并调整图形的前后位置，添加浅蓝
    色（C:13,M:6）到蓝色（C:84,M:6）线性渐变色，效果如图 2-41 所示。

19. 在矩形上面绘制出如图 2-42 所示黑色和黄色的小矩形，用来表示房子的窗户。

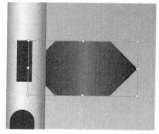
图2-40　缩小图形

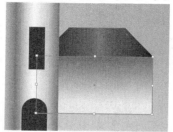
图2-41　绘制的图形

图2-42　绘制的窗户

20. 按住 Shift 键，将房子的立面和窗户图形选中，然后按住 Alt 键向下移动复制。

21. 在选项栏中设置【不透明度】参数为"70%"，效果如图 2-43 所示。

22. 将绘制好的其中一个城堡复制，调整大小后放置在如图 2-44 所示的位置。

图2-43 复制出的图形

图2-44 复制出的城堡

23. 选择 ⊙ 工具，在页面中单击鼠标左键，弹出【光晕工具选项】对话框，参数设置如图 2-45 所示。

24. 单击 确定 按钮，页面中将出现光晕效果，将光晕调整在如图 2-46 所示的位置。

图2-45 【光晕工具选项】对话框

图2-46 添加的光晕效果

25. 利用 ▢ 工具绘制出一个矩形，并填充深绿（C:100,Y:100）到浅绿（C:52,Y:87）的线性渐变色作为草地效果，如图 2-47 所示。

26. 利用 ⬭ 工具和 ▢ 工具在草地上绘制几颗树的图形，如图 2-48 所示。

27. 最后利用 ⊙ 工具，在画面中再添加上一个光晕效果，如图 2-49 所示。

图2-47 绘制的草地图形

图2-48 绘制的树图形

图2-49 添加的光晕效果

28. 执行【文件】/【存储为】命令，将文件命名为"城堡.ai"并保存。

2.2　颜色设置与填充

　　图形的颜色填充操作较为简单，图形被选中后在颜色面板中设置颜色，效果将直接显示在图形中。本节来学习有关颜色的设置与填充方法。

2.2.1　功能讲解

　　给图形填充颜色的方法有多种，可分别通过【拾取器】对话框、【颜色】面板、【色板】面板和【颜色参考】面板来设置，下面分别来介绍其设置方法。

图2-50　填色设置工具

一、　图形填色和描边设置

　　在工具箱中有两个可以前后切换的颜色框（非常类似于Photoshop 中的前景色和背景色），如图 2-50 所示。其中左上角的颜色框表示给图形填充颜色，右下角的环状颜色框表示给图形的描边色填充。

 系统默认的图形填充色为白色，描边色为黑色。当将填充色和描边色改变后，单击左下角的□按钮（其快捷键为 D 键），系统会显示默认的填充色与描边色；单击右上角的↰按钮（其快捷键为 X 键），会切换填充色与描边色是否为启动状态。

　　填充色与描边色下面的□、▣和◩按钮，分别代表单色、渐变色和无色。单色即指单纯的颜色，如红、黄、蓝、绿等，可以在【颜色拾取器】对话框、【色板】面板和【颜色】面板中进行选择与设置；渐变色即指由两种或两种以上的颜色混合而成的一种填色方式，包括【线性】渐变和【径向】渐变两种类型，可以在【色板】面板和【渐变】面板中进行选择与设置；无色即指图形无填充色或无描边色。

 有些用户在绘图时经常将白色与无色相混淆，即将无色误认为是白色，或将白色误认为是无色，这是一种错误的认识。因为在软件中绘图时，页面通常都是白色的，所以无色和白色很难区分，但如果在其他背景上绘图时结果就大不相同了，白色可以遮住背景色，而无色则不能，希望读者在今后的绘图过程中能够注意这一点。

　　在 Illustrator 软件中，不仅可以用颜色、渐变色来填充选择的图形，还可以在图形中填充图案。图 2-51 所示为星形图形分别填充单色、线性渐变、径向渐变、无色及图案后产生的不同效果。

　　当在闭合路径中填充颜色时，所设置的颜色或图案将直接填满整个闭合区域；当为开放路径填充颜色时，系统会假定路径的起点与终点之间存在一条线段，并将开放路径假定为闭合路径进行填充。图 2-52 所示为 4 种不同开放路径的填充效果示例，来观察开放路径填充颜色后的效果。

图2-51　对图形填充后的不同效果

图2-52　开放路径填充颜色后的效果

二、 利用【拾取器】填充颜色

启动 Illustrator CS6，选中图形，在工具箱下方的【填色】按钮上双击，弹出【拾取器】对话框，如图 2-53 所示。用户通过拖动颜色条上滑块的位置可以来调节所需要的颜色，或者通过调节色条右边的 CMYK 颜色数值来调节所需要的颜色。设置完颜色后，单击 确定 按钮，即可为选择的图形填充设置的颜色。

图2-53　【拾取器】对话框

三、 利用【颜色】面板设置颜色

启动 Illustrator CS6 后，执行【窗口】/【颜色】命令，将【颜色】面板显示在页面中，如图 2-54 所示。

选中图形，在【颜色】面板中可以通过输入数值或拖动滑块来调整所要填充的颜色。在面板右上角单击 ，弹出如图 2-55 所示的下拉菜单。在菜单中选择【RGB(R)】命令，CMYK【颜色】面板将变为如图 2-56 所示的 RGB【颜色】面板。

图2-54　CMYK【颜色】面板

图2-55　菜单选项

图2-56　RGB【颜色】面板

在【颜色】面板中双击左上角的【填色】按钮 ，可以弹出【拾取器】对话框。在【颜色】面板中单击【填色】按钮下面的【描边】按钮，可以把该按钮与【填色】按钮交换位置，如图 2-57 所示，这样就可以给图形的轮廓设置颜色。

四、 利用【色板】面板设置颜色

执行【窗口】/【色板】命令，将【色板】面板显示在页面中，如图 2-58 所示。

在页面中选择图形，然后在【色板】面板中单击需要的颜色，即可将选择的图形填充所选的颜色。

五、 利用【颜色参考】面板设置颜色

执行【窗口】/【颜色参考】命令，显示如图 2-59 所示的【颜色参考】面板。该颜色面板中的颜色与其他颜色面板中的颜色有所不同，是将某一种颜色从中间位置向两边分别变暗和加亮来分成不同的明度，这样为用户提供了更大的颜色参考范围。其使用方法与【色板】面板相同。

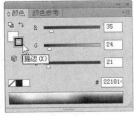

图2-57　【颜色】面板

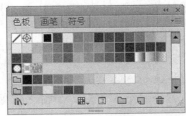

图2-58　【色板】面板

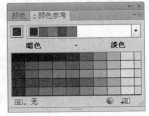

图2-59　【颜色参考】面板

2.2.2 范例解析——设计"多彩喷绘公司"标志

本节通过设计如图 2-60 所示的"多彩喷绘公司"标志来练习颜色的设置与填充方法。

图2-60　多彩喷绘标志

1. 启动 Illustrator CS6 软件，创建一个新文档。

2. 选择 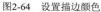工具，按住 Shift 键绘制一个正方形，在【色板】面板中选择如图 2-61 所示的颜色，然后单击工具箱下面如图 2-62 所示的位置，设置"描边"为启动状态，如图 2-63 所示。

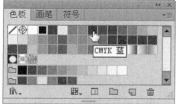

图2-61　【色板】面板

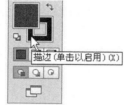

图2-62　单击位置

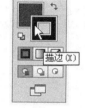

图2-63　启动描边

3. 在【色板】面板中设置图形描边的颜色为白色，如图 2-64 所示。

4. 在选项栏中设置【描边】参数为"7pt"。

5. 双击工具箱中的 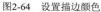工具，在弹出的【旋转】对话框中设置【角度】参数为"–15"，如图 2-65 所示，单击 确定 按钮，旋转后的图形如图 2-66 所示。

图2-64　设置描边颜色

图2-65　【旋转】对话框

图2-66　旋转后的图形

6. 按住 Alt 键在如图 2-67 所示的位置单击鼠标左键，将正方形的旋转中心设置在此处并弹出【旋转】对话框，设置参数如图 2-68 所示。

7. 单击 复制(C) 按钮，复制出另外一个正方形，如图 2-69 所示。

图2-67 设置旋转中心位置

图2-68 【旋转】对话框

图2-69 复制出的图形

8. 连续按 4 次 [Ctrl]+[D] 组合键，旋转复制出如图 2-70 所示的图形。

9. 单击工具箱下面的 "填色"，将其设置为启动状态。

10. 在【色板】面板中设置图形的填色为黄色，如图 2-71 所示。

图2-70 旋转复制出的图形

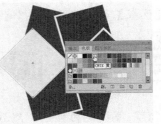

图2-71 填充黄色

11. 选择 工具，选中图形并填充青色，如图 2-72 所示。

12. 用同样的方法，依次给图形填充为红色（M:100,Y:100）、绿色（C:75,Y:100）、洋红色（M:100），效果如图 2-73 所示。

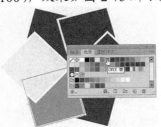

图2-72 填充青色

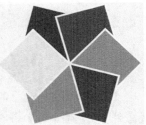

图2-73 填充的颜色

13. 选择 工具，将图形全部选择，执行【对象】/【编组】命令，将图形编组。

14. 选择 [T] 工具，在标志下面输入如图 2-74 所示的黑色文字。

15. 按两次键盘中向左的方向键，将文字光标移动到 "彩" 和 "喷" 字中间，如图 2-75 所示。

16. 在如图 2-76 所示的输入法上面单击鼠标右键。

图2-74 输入的文字

图2-75 文字光标位置

图2-76 单击鼠标右键

17. 在弹出的菜单中选择【标点符号】命令，如图 2-77 所示。

18. 在弹出的【标点符号】面板中选择如图 2-78 所示的符号，单击鼠标左键，即可把选择的符号输入，如图 2-79 所示。

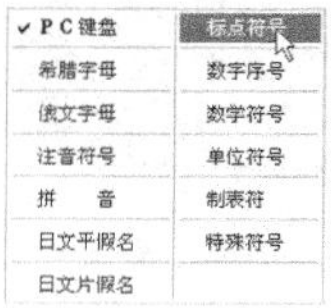

图2-77　设置选项

图2-78　选择标点符号 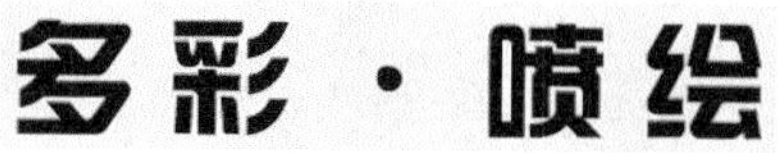　　　　　　　　图2-79　输入的标点符号

19. 将文字光标移动到"多"字右边，按住鼠标左键向左拖动，将"多"字选中，如图 2-80 所示。

20. 在【色板】面板中选择洋红颜色给"多"字填充，然后再把"彩"字选中，如图 2-81 所示。

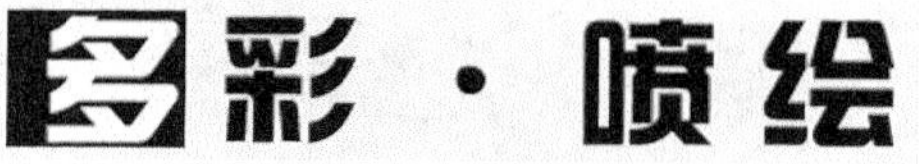

图2-80　选择"多"字 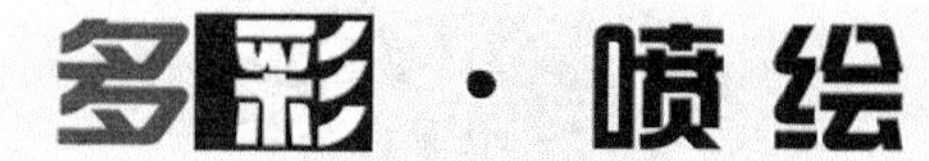　　　　　　　　　　　图2-81　填充颜色效果

21. 将"彩"字填充为蓝色，然后使用相同的选择与填充方法，将后面的标点符号和文字分别填充为绿色、红色和深蓝色，如图 2-82 所示。

22. 选择 工具，将图形和文字全部选择，然后单击选项栏中的【水平居中对齐】按钮 ，将文字和标志水平居中对齐，设计完成的标志如图 2-83 所示。

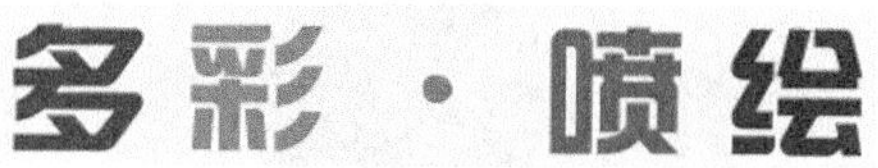

图2-82　填充颜色效果　　　　　　　　　　　图2-83　设计完成的标志

23. 执行【文件】/【存储为】命令，将文件命名为"多彩喷绘.ai"并保存。

2.2.3　课堂实训——为喷绘公司设计标志

本节通过设计如图 2-84 所示的标志，来练习基本绘图工具的使用及颜色的设置和填充方法。

【步骤提示】

1. 启动 Illustrator CS6 软件，创建一个新文档。
2. 选择 工具，按住 Shift 键绘制一个正方形。
3. 然后利用【变换】面板把图形旋转 45°，并填充红色，如图 2-85 所示。

图2-84　设计完成的标志

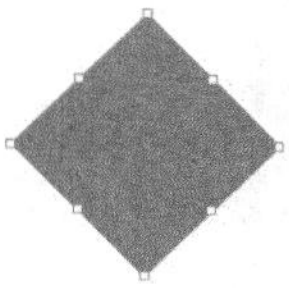

图2-85　旋转角度后的图形

4. 执行【对象】/【变换】/【缩放】命令，在弹出的【比例缩放】对话框中设置参数如图 2-86 所示。单击 复制(C) 按钮，缩小并复制出的图形如图 2-87 所示。

5. 将缩小复制出的图形填充上白色，将白色和红色图形同时选中，然后同时按住 Shift 键 和 Alt 键垂直向下移动复制出如图 2-88 所示的图形。

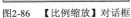

图2-86 【比例缩放】对话框　　　　图2-87 缩小复制出的图形　　　　图2-88 移动复制出的图形

6. 继续按住 Shift 键和 Alt 键移动复制出如图 2-89 所示的图形。

7. 将复制出的图形分别填充上蓝色和洋红色，然后再利用 工具绘制一个绿色圆形，如 图 2-90 所示。

8. 利用 T 工具在标志的右侧输入"鲜品屋"文字，标志设计完成，如图 2-91 所示。

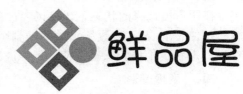

图2-89 移动复制出的图形　　　　图2-90 绘制的圆形　　　　　图2-91 设计完成的标志

9. 执行【文件】/【存储为】命令，将文件命名为"鲜品标志.ai"保存。

2.3 选择工具的应用

　　在 Illustrator 软件的工具箱中，选择工具有着相当重要的作用。在对任何一个操作对象 进行编辑之前，首先要保证该对象处于选择状态，对象不被选择就不能对其进行编辑。

　　在旧版本的工具箱中，仅提供了 3 种选择工具，即【选择】工具 、【直接选择】工具 和【编组选择】工具 。而用户在绘图过程中渐渐发现，仅这 3 种选择工具是远远不够 的，所以在新版本的 Illustrator 中又新增了【魔棒】工具 、【套索】工具 ，从而使 Illustrator CS6 的选择功能更加强大。

2.3.1 功能讲解

　　选择工具主要是用来选择对象，并对选择的对象进行移动、复制或变形的工具。下面就 对其功能分别进行详细的介绍。

　　一、 选择图形

　　利用【选择】工具 选择图形的方法有两种，一种是直接单击要选择的图形，另一种 是按下鼠标左键在页面中拖曳鼠标指针，框选需要选择的图形。

选择【选择】工具 ，将鼠标指针放置到需要被选择的图形上，当鼠标指针变为 " " 形状时单击，即可将该图形选择。选择第一个图形后，按住 Shift 键，然后再单击其他的图形，可以进行加选。按住 Shift 键，单击已经被选择的图形，可以取消该图形的选择状态。

按下鼠标左键并在页面中拖曳鼠标指针，此时页面中将出现一个矩形虚线框，如图 2-92 所示，释放鼠标按键后，位于虚线框内的所有图形均可被选择，如图 2-93 所示。利用框选的方法可以进行单个对象的选择也可以进行多个对象的选择。

图2-92　拖曳出的矩形虚线框

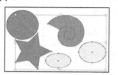

图2-93　选择的对象

二、　移动图形

当路径被选择后，路径上的每个锚点都是实心的，表示路径中的每个节点都被选择；并且被选路径外侧会产生一个蓝色的矩形框（选择框），选择框中包括 8 个控制点。将鼠标指针放置到被选择的图形上，当鼠标指针显示为 " " 形状时，按下鼠标左键拖曳即可移动图形的位置。

三、　复制图形

在图形被选择的状态下，可以通过移动复制的方法复制图形，具体方法为：选择图形，然后按住 Alt 键，将鼠标指针移动到图形上，按下鼠标左键同时拖曳，此时鼠标指针变为 " " 形状，拖曳到适当的位置后释放鼠标按键和 Alt 键，即可将选择的图形复制。

四、　变换图形

利用【选择】工具 除了可以选择、移动和复制图形外，还可以进行缩放和旋转操作。

(1)　缩放图形。

选择图形后，将鼠标指针放置到矩形选框的任何一个控制点上，当鼠标指针变为 " "、" " 或 " " 形状时，按下鼠标左键并拖曳，即可对图形进行缩放操作，如图 2-94 所示。若在拖曳过程中按住 Shift 键，可以将选择的图形进行等比例缩放。

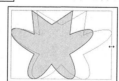

图2-94　选择图形水平缩放示意图

(2)　旋转图形。

选择图形后，将鼠标指针放置到矩形选择框的任意一个控制点外侧，当鼠标指针变为 " " 旋转符号时，按下鼠标左键并拖曳，即可改变选择图形的角度，如图 2-95 所示。

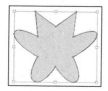
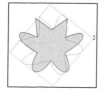

图2-95　选择图形旋转示意图

五、 【移动】对话框

选择图形后双击工具箱中的【选择】工具 ，会弹出如图 2-96 所示的【移动】对话框。在对话框中设置适当的参数可以按照指定的精确位置移动图形。

图2-96 【移动】对话框

六、 【直接选择】工具

【直接选择】工具 的作用是普通选择工具所无法取代的。该工具主要用于选择路径或图形中的一部分，包括路径的锚点、曲线线段或直线等。该工具还具有对图形或路径进行形状编辑调整的功能，如图 2-97、图 2-98 和图 2-99 所示。

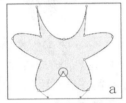

图2-97 锚点选择时的形态

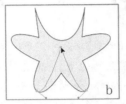

图2-98 拖曳锚点时的形态

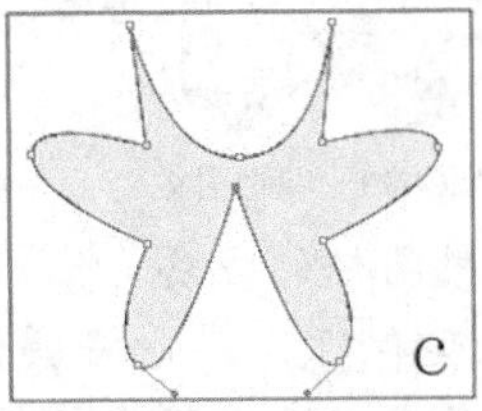

图2-99 调整锚点位置后的形态

七、 【编组选择】工具

在绘制图形过程中，为了制作的方便，有时会将几个图形进行群组。图形群组后，如果再想选择其中一个图形，再利用【选择】工具 是无法做到的，此时【编组选择】工具 就可以派上用场了。

在群组的图形中，用【编组选择】工具 单击组中的任意一个图形，该图形即被选择；若再次单击即可将整个组中所有图形选择。如果群组图形属于多重群组，那么每多单击一次即可多选择一组图形。

八、 【魔棒】工具

【魔棒】工具 是自 Illustrator 10 版本之后新增加的被赋予了矢量特性的选择工具。利用该工具在页面中单击需要选择的图形或路径，可以同时选择当前页面中同该图形或路径具有相同颜色属性的所有图形或路径。

执行【窗口】/【魔棒】命令，或双击工具箱中的【魔棒】工具 ，会弹出如图 2-100 所示的【魔棒】面板。在该面板中可以设置不同的属性或容差来确定【魔棒】工具 在选择内容时按照什么样的属性来选择。

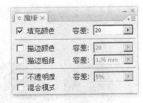

图2-100 【魔棒】面板

九、 【套索】工具

利用【套索】工具 可以选择图形或路径上的锚点，其使用方法非常简单，选择该工具，然后将鼠标指针移动到页面中，在需要选择的路径上拖曳鼠标指针绘制选择的范围，释放鼠标左键后，所有包含在该范围内的锚点即被选择。

2.3.2 范例解析——绘制花形图案

本节通过绘制如图 2-101 所示的花形图案来掌握选择工具的使用方法。

1. 启动 Illustrator CS6 软件，创建一个新文档。

2. 选择 ◎ 工具绘制一个椭圆形，给椭圆填充上红色（M:100,Y:100），描边色设置成白色，在控制栏中设置 描边 ⬧2pt▾ 参数为 "2pt"，效果如图 2-102 所示。

3. 选择 ▷ 工具，在椭圆形上单击一下，此时椭圆上出现 4 个锚点，如图 2-103 所示。

4. 将鼠标指针放置到被选择的锚点上，按下鼠标左键并拖曳，其形态如图 2-104 所示。

图2-101 花形图案

图2-102 绘制的椭圆图形

图2-103 出现的锚点

图2-104 移动锚点

5. 用同样的方法，依次调整每个锚点的位置，将图形调整成如图 2-105 所示的形态。

6. 选择 ◌ 工具，将调整后图形的中心点移动到如图 2-106 所示的位置，然后按住 Alt 键在中心点上单击鼠标左键，弹出【旋转】对话框，设置如图 2-107 所示的参数。

图2-105 调整图形

图2-106 中心点位置

图2-107 【旋转】对话框

7. 单击 复制(C) 按钮，复制出另外一个图形，如图 2-108 所示。

8. 按住 Ctrl 键，然后连续按 6 次 D 键，重复执行旋转复制操作，旋转复制出如图 2-109 所示的图形。

9. 将绘制好的所有图形同时选择，执行【对象】/【编组】命令，使其编组，成为一个整体。

10. 执行【对象】/【变换】/【缩放】命令，弹出【比例缩放】对话框，设置参数如图 2-110 所示。

图2-108 旋转复制出的图形

图2-109 旋转复制出的图形

图2-110 【比例缩放】对话框

11. 单击 复制(C) 按钮，缩小复制出另外一个图形，将复制出的图形填充上黄色（M:50,Y:100），效果如图 2-111 所示。

12. 按 Ctrl+D 组合键，重复缩小复制图形，填充黄色（Y:100），如图 2-112 所示。

13. 再缩小复制出 3 个图形，分别填充不同的颜色，效果如图 2-113 所示。

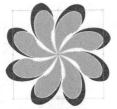

图2-111　缩小复制出的图形　　　　　图2-112　缩小复制出的图形　　　　　图2-113　缩小复制出的图形

14. 执行【文件】/【存储为】命令，将文件命名为"花形图案.ai"并保存。

2.3.3　课堂实训——绘制几何形图案

本节通过绘制如图 2-114 所示的几何形图案，练习选择工具的使用方法。

【步骤提示】

1. 启动 Illustrator CS6 软件，创建一个新文档。
2. 选择 ☆ 工具，在页面中单击鼠标左键，弹出【星形】对话框，参数设置如图 2-115 所示。
3. 单击 ▭ 确定 按钮，在页面中绘制一个星形，把星形的轮廓色设置为橘黄色（M:20,Y:100），如图 2-116 所示。

图2-114　几何形图案　　　　　　图2-115　【星形】对话框　　　　　　图2-116　绘制的星形

4. 选择绘制的星形，然后将星形由下向上添加白色到紫色（C:93,M:88,Y:90,K:80）的径向渐变色，效果如图 2-117 所示。
5. 选择 ▷ 工具，在星形的控制点上按下鼠标左键并拖曳，此时将在控制点的两侧出现控制柄，状态如图 2-118 所示。
6. 拖曳鼠标指针到合适位置后释放鼠标左键，在右侧出现的控制柄上按下鼠标左键并拖曳，将其中的一个控制柄进行调整，其调整状态如图 2-119 所示。

当第一次在控制点上按下鼠标左键并拖曳时，在控制点的两侧将出现两个控制柄，任意拖曳鼠标指针的位置，出现的控制柄将始终以控制点为对称点。当释放鼠标左键，再次调整任意一个控制柄时，另一个控制柄将处于锁定状态。当对图形进行调整后，再次在控制点上单击时，调整后的控制点将还原为没有调整时的形态。

图2-117　添加渐变色后的星形　　　　图2-118　出现的控制柄　　　　　图2-119　调整控制柄

7. 调整右侧的控制柄后，用同样方法调整左侧的控制柄进行变形，状态如图 2-120 所示。

8. 选择 工具，在图形的另一个控制点上按下鼠标左键并拖曳，状态如图 2-121 所示。

9. 移动控制点到合适位置后释放鼠标左键，用同样方法将图形中的控制点依次调整，调整后的图形形状如图 2-122 所示。

图2-120　调整控制柄　　　　　　图2-121　移动控制点　　　　　图2-122　调整后的图形形状

10. 选择 工具，在调整后的图形上绘制一个椭圆形，轮廓色设置为橘黄色（M:20,Y:100），然后将椭圆形由下向上添加红色（M:100,Y:100）到黄色（C:10,Y:83）的线性渐变色，绘制出的椭圆形如图 2-123 所示，完成几何形图案的绘制。

11. 将绘制的图形选中，执行【对象】/【群组】命令，将几何形图案进行群组。

12. 选择群组后的图形，选择 工具，在图形的下面位置单击确定旋转中心，调整后的旋转中心如图 2-124 所示。

13. 将鼠标指针移动到图形上，按下鼠标左键再同时按住 Shift + Alt 键，拖曳鼠标指针将图形进行旋转复制。旋转复制状态如图 2-125 所示。

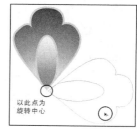

图2-123　绘制出的椭圆形　　　　图2-124　调整后的旋转中心　　　图2-125　复制状态

将图形进行旋转时，按住 Shift 键，可以确保图形旋转时按照 45° 角的倍数进行旋转。按住 Alt 键，可以确保图形进行复制。当按住 Shift + Alt 组合键将花瓣进行旋转时，可以确保花瓣按照 45° 角的倍数进行旋转复制。在旋转复制时，首先按下鼠标左键，然后按键盘中的相应键可确保按照一定的角度旋转或复制图形。

14. 拖曳鼠标指针到合适位置后释放鼠标左键，将图形进行旋转复制，旋转复制出的图形如图 2-126 所示。

15. 将图形进行旋转复制后，按住 Ctrl 键，然后连续按两次 D 键，重复执行旋转复制操作，旋转复制出如图 2-127 所示的图形。

16. 选择 工具，按住 Shift 键，在花形的中心位置绘制一个圆形，轮廓色设置为橘黄色（M:20,Y:100），然后添加白色到紫色（C:93,M:88,Y:90,K:80）的径向渐变色。绘制出的圆形如图 2-128 所示。

图2-126　复制出的图形

图2-127　旋转复制出的花

图2-128　绘制出的圆形

17.　执行【文件】/【存储为】命令，将文件命名为"几何图案.ai"并保存。

2.4　综合案例——绘制图案样式

　　本节通过绘制装饰图案，综合练习本章介绍的基本绘图工具、颜色设置与填充以及选择工具的使用方法和技巧，最终效果如图2-129所示。

【步骤提示】

1.　启动Illustrator CS6软件，创建一个新文档。
2.　选择▣工具，按住 Shift 键，将鼠标指针移动到页面中拖曳，绘制一个蓝色（C:85.M:50）正方形。
3.　执行【对象】/【变换】/【旋转】命令，弹出【旋转】对话框，参数设置如图2-130所示。
4.　单击 确定 按钮，旋转角度后的正方形的状态如图2-131所示。

图2-129　装饰图案

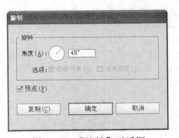

图2-130　【旋转】对话框

图2-131　旋转后的图形

5.　选择▣工具，绘制一个小的正方形，如图2-132所示。
6.　将两个图形同时选中，单击控制栏中的▣和▣按钮，对齐后的图形如图2-133所示。
7.　执行【编辑】/【复制】命令和【编辑】/【贴在前面】命令，将小正方形复制后粘贴，并填充上蓝色，效果如图2-134所示。

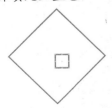

图2-132　绘制的图形

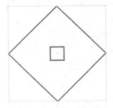

图2-133　对齐后的形态

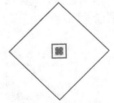

图2-134　复制出的小图形

8.　选择◯工具，在页面中单击鼠标左键，弹出【多边形】对话框，参数设置如图 2-135所示。
9.　单击 确定 按钮，在页面中创建一个八边形，然后放置到如图2-136所示的位置。

10. 选择工具，按住 Shift+Alt 组合键，向下移动复制出另外一个八边形，如图 2-137 所示。

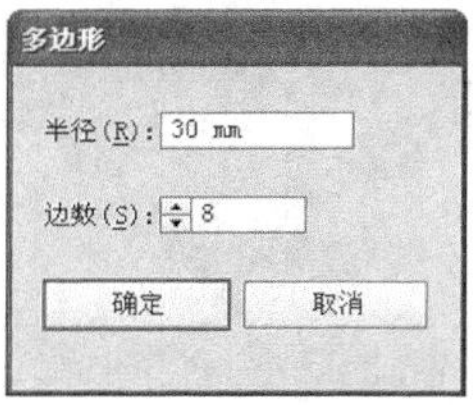

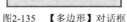

图2-135　【多边形】对话框

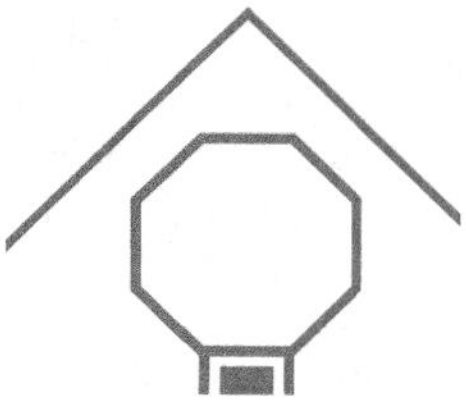
图2-136　绘制的八边形

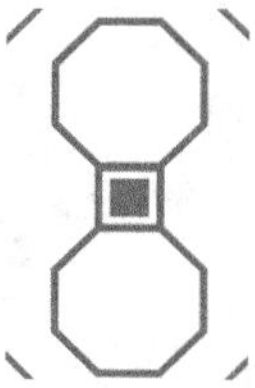
图2-137　复制出的图形

11. 用同样的复制操作，再复制出其他的八边形，如图 2-138 所示。
12. 执行【文件】/【打开】命令，在附盘中打开“作品\第 02 章\花形图案.ai”的文件。
13. 将打开的花形图案复制到当前画面中，再通过旋转复制，得到如图 2-139 所示图案组合效果。
14. 选择工具，在页面中单击鼠标左键，弹出【星形】对话框，参数设置如图 2-140 所示。

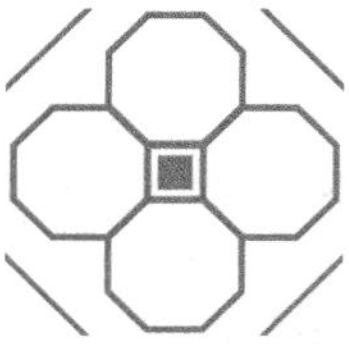
图2-138　复制出的图形

图2-139　复制的图案

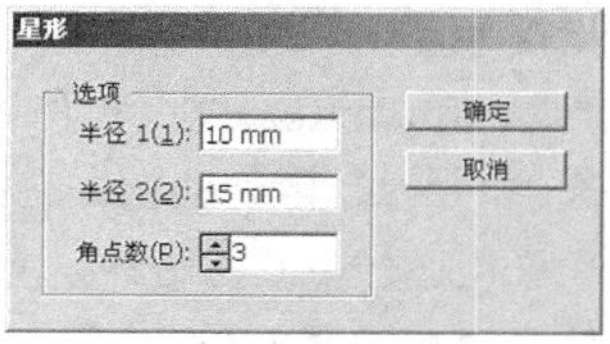

图2-140　【星形】对话框

15. 单击 确定 按钮，在页面中创建一个星形，并将星形移动到如图 2-141 所示的位置。
16. 选择工具，按住 Shift+Alt 组合键，向下移动复制出另外一个星形，并将其旋转 180°，如图 2-142 所示。
17. 用同样的方法，移动复制旋转出其他两个图形，并放置到如图 2-143 所示的位置。

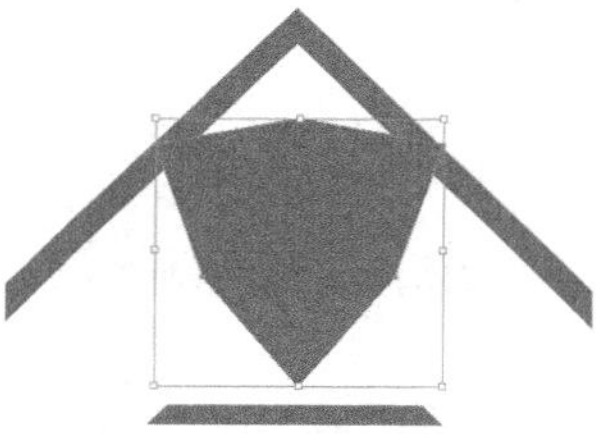
图2-141　图形位置

图2-142　复制出的图形

图2-143　复制出的图形

18. 选择工具，在页面中绘制三角形，移动放置到如图 2-144 所示的位置。
19. 将三角形依次复制并旋转角度后放置到如图 2-145 所示的位置。至此，整个装饰图案绘制完成。

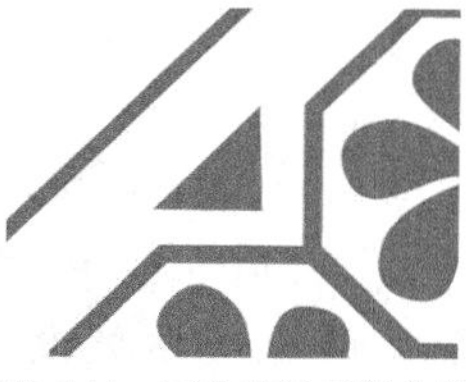
图2-144　三角形放置的位置

图2-145　复制出的三角形

20. 执行【文件】/【存储为】命令，将文件命名为“装饰图案.ai”并保存。

2.5 课后作业

1. 根据本章所学的内容，设计制作出如图 2-146 所示的标志图形。

【步骤提示】

(1) 利用▢工具、✎工具和▷工具，绘制并调整出标志中的部分构件图形，颜色设置为橘红色（R:255,G:153）。

(2) 选择▷工具，将调整出的图形进行复制，然后调整其形状，设置颜色为红色（M:90,Y:95）。

(3) 将图形全部选择后移动复制，然后进行反相，调整合适的位置后完成标志的基本形状，并将颜色分别设置为橘黄色（M:20,Y:100）和深红色（C:26,M:100,Y:100）。

(4) 选择▢工具，绘制出标志的辅助图形，颜色设置为橘黄色（M:20,Y:100）。然后选择▢工具，绘制出标志的黑色背景，并调整位置。图 2-147 所示为标志的绘制过程分析图。

图2-146 设计完成的标志

图2-147 标志的绘制过程分析图

2. 根据本章所学的内容，绘制出如图 2-148 所示的花形图案。

【步骤提示】

(1) 选择▢工具，在页面中绘制一个黄灰色（C:50,M:40,Y:100）的矩形，单击▢工具，在矩形上绘制一个黄色（C:10,Y:83）圆角矩形，作为花形的花瓣，如图 2-149 所示。

(2) 选择▷工具，将绘制的黄色花瓣图形进行调整，状态如图 2-150 所示。

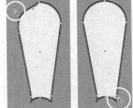
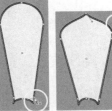

图2-148 绘制出的花形图案　　图2-149 绘制的矩形与圆角矩形　　图2-150 花瓣图形的调整状态

(3) 利用▢工具和▷工具，在花瓣图形中绘制并调整出如图 2-151 所示的红色（M:95,Y:95）图形。

(4) 选择绘制的花瓣图形，然后执行【对象】/【编组】命令，使其成为一个整体。

(5) 执行【效果】/【扭曲和变换】/【变换】命令，在弹出的【变换效果】对话框中设置合适的旋转中心，其他参数设置如图 2-152 所示。

图2-151 绘制并调整出的图形形状

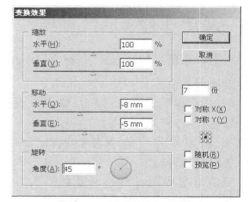

图2-152 【变换效果】对话框

(6) 参数设置完成后单击 确定 按钮，旋转复制出的花瓣如图 2-153 所示。

(7) 选择 ◎ 工具，在花形的中心位置绘制出如图 2-154 所示的圆形。

图2-153 旋转复制出的花瓣

图2-154 绘制的圆形

(8) 选择 ◎ 工具，在图案背景的 4 个角上绘制圆形，填充不同颜色，完成花形图案的绘制。

第3章 路径和画笔工具

路径和画笔工具是 Illustrator 软件中非常重要的工具。在实际工作中无论多复杂的图形，利用路径工具都可以非常灵活方便地绘制出来。利用画笔工具可以创建出很多不同的艺术图形效果，使用该工具可以为设计的作品锦上添花。

【学习目标】

- 掌握【钢笔】工具 、【添加锚点】工具 、【删除锚点】工具 和【转换锚点】工具 的使用方法。
- 掌握【直线段】工具 、【弧形】工具 和【螺旋线】工具 、【矩形网格】工具 、【极坐标网格】工具 、【铅笔】工具 、【平滑】工具 和【路径橡皮擦】工具 的使用方法。
- 掌握【画笔】工具 的使用方法及各种功能，包括预置笔刷、画笔类型、画笔选项、画笔的新建及管理等。

3.1 路径工具

路径工具是一种矢量绘图工具，主要包括【钢笔】工具 、【添加锚点】工具 、【删除锚点】工具 和【转换锚点】工具 。在图形绘制过程中，其应用非常广泛，特别是在特殊图形的绘制方面，路径工具具有较强的灵活性和编辑修改性。本节来学习这几个工具的使用方法。

3.1.1 功能讲解

本节重点来认识路径的特性以及如何绘制并编辑和修改路径等操作。

一、 认识路径

路径是由两个或多个锚点组成的矢量线条，在两个锚点之间组成一条线段，在一条路径中可能包含若干条直线线段和曲线线段，通过调整路径中锚点的位置及调节柄的方向和长度可以调整路径的形态，因此利用路径工具可以绘制出任意形态的曲线或图形。图 3-1 所示为路径构成说明图。

利用【钢笔】工具 绘制的路径有两种形态，分别为开放路径和闭合路径，形态如图 3-2 所示。

由上图可以看出，开放路径的起点与终点不重合，而闭合路径是一条连续的、没有起点与终点的路径。闭合路径一般用于图形和形状的绘制，开放路径用于曲线和线段的绘制。

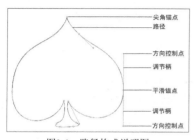

图3-1　路径构成说明图

图3-2　闭合路径和开放路径

二、　编辑路径

将鼠标指针移动到工具箱中的 工具处按下鼠标左键不放，会弹出其下隐藏的工具按钮，其中除了 工具以外，还包括【添加锚点】工具 、【删除锚点】工具 和【转换锚点】工具 。这几个工具是修改和编辑路径的一组工具，可以在任意路径上添加、删除锚点或更改锚点的性质。

路径绘制完毕后，通常用以下的 4 种方法来终止当前所绘制的路径。

(1)　将当前路径绘制成为闭合路径即可完成该路径的绘制。将鼠标指针移动到路径的起点位置，鼠标指针显示为"$\mathsf{\&}$。"形状，然后单击将路径闭合。

(2)　再次选择【钢笔】工具 ，或者选择其他工具按钮，也可以终止当前路径的绘制。

(3)　按住 Alt 键，所选工具暂时变为选择工具，然后在路径以外的任意位置单击，取消该路径的选择状态。

(4)　执行【选择】/【取消选择】命令，取消该路径的选择状态。

另外，利用【钢笔】工具还可以使开放路径进行连接。首先在页面中选择两条开放路径，然后选择【钢笔】工具 ，在任意一条路径的一个端点上单击鼠标左键，然后将鼠标指针移动到另一条路径的一个端点上，当鼠标指针显示为"$\mathsf{\&}$。"形状时，再次单击鼠标左键，即可将两条开放路径进行连接。用同样的方法也可以将开放路径连接为闭合路径。

三、　添加锚点工具

选择【添加锚点】工具 ，然后将鼠标指针移动到锚点以外的路径上单击，此时会在单击的位置添加一个新锚点。在直线路径上添加的是尖角锚点，在曲线路径上添加的是平滑锚点。

利用菜单命令也可以为路径添加锚点。首先在页面中选择一条路径，然后执行【对象】/【路径】/【添加锚点】命令，可以在选择路径中的每两个锚点之间添加一个新的锚点，如图 3-3 所示。

图3-3　原路径与添加锚点后的路径形态

四、　删除锚点工具

在绘图过程中，路径上如果有多余的锚点会非常影响路径平滑度的调整，此时可以利用【删除锚点】工具 将多余的锚点删除。删除一些锚点后会减少路径的复杂程度，既缩短了图形的修改编辑时间，也可以缩短图形输出的时间。

选择 工具，在路径中的任意锚点上单击，即可将该锚点删除，删除锚点后的路径会自动调整形状，如图 3-4 所示。锚点的删除不会影响路径的开放与闭合属性。

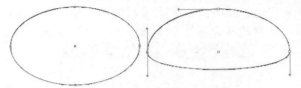

图3-4　删除锚点前后的路径形态

五、　转换锚点工具

使用【转换锚点】工具 可以改变锚点的性质，在路径的平滑锚点上单击，可以将平滑锚点变为尖角锚点；在尖角锚点上按下鼠标左键同时拖曳，可以将尖角锚点转化为平滑锚点，锚点变化后路径的形状也相应的发生变化。

3.1.2　范例解析——绘制图案

本节通过绘制如图 3-5 所示的图案练习路径工具的使用方法。

图3-5　图案效果

1. 启动 Illustrator CS6 软件，创建一个新文档。
2. 选择 ⬭ 工具，在页面中绘制一个椭圆形，并添加黄色（Y:100）到红色（M:100,Y:100,K:36）的径向渐变，效果如图 3-6 所示。
3. 选择 工具，在椭圆的锚点上按下鼠标左键并拖曳，此时将在锚点的两侧出现控制柄，状态如图 3-7 所示。
4. 拖曳鼠标指针到合适的位置后释放鼠标左键，在椭圆的下方同样在锚点上按下鼠标左键并拖曳来调整图形的形态，如图 3-8 所示。

图3-6　填充渐变颜色效果　　　　　图3-7　调整图形1　　　　　图3-8　调整图形2

5. 选择  工具，将椭圆的旋转中心调整到如图 3-9 所示的位置。

6. 按住 Alt 键，在旋转中心位置单击，弹出【旋转】对话框，参数设置如图 3-10 所示。

7. 单击 复制(C) 按钮，复制旋转出另外一个椭圆形，效果如图 3-11 所示。

图3-9　旋转中心位置　　　　图3-10　【旋转】对话框　　　　图3-11　复制出的图形 1

8. 按住 Ctrl 键，然后连续按 6 次 D 键，重复执行椭圆的旋转复制操作，旋转复制出如图 3-12 所示的花形。

9. 选择  工具，在花的中心位置绘制一圆形，并填充与前面绘制的图形相同的渐变色来表示花心，效果如图 3-13 所示。

图3-12　复制出的图形 2　　　　　　　　　　　图3-13　绘制出花心

10. 将绘制好的所有花瓣、花心同时选择，执行【对象】/【编组】命令，使其编组，成为一个整体。

11. 选择  工具，单击鼠标左键，弹出【星形】对话框，参数设置如图 3-14 所示。

12. 单击 确定 按钮，在页面中创建一个三角形，并添加深绿色（C:89,M:42,Y:100）、中绿色（C:60,Y:85）和浅绿色（C:34,Y:51）的径向渐变，效果如图 3-15 所示。

13. 选择  工具，在三角形上边中间的锚点上按下鼠标左键，将锚点向下移动到如图 3-16 所示的位置。

图3-14　【星形】对话框　　　　图3-15　绘制的图形　　　　图3-16　移动锚点位置

14. 选择 工具，在锚点上按下鼠标左键并拖曳，此时将在锚点的两侧出现控制柄，如图 3-17 所示。

15. 拖曳鼠标指针到合适的位置后释放按键，再在左侧出现的控制柄上按下鼠标左键并拖曳，将其中的一个控制柄进行调整，其控制柄的调整状态如图 3-18 所示。

图3-17　出现的控制柄

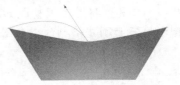
图3-18　调整控制柄 1

16. 调整左侧的控制柄后，用同样的方法调整右侧的控制柄，状态如图 3-19 所示。

17. 选择 工具，将鼠标指针移动到如图 3-20 所示的左边中间的锚点位置，然后单击鼠标左键删除锚点。用同样方法删除右边的中间锚点。删除多余锚点后的路径形态如图 3-21 所示。

图3-19　调整控制柄 2

图3-20　删除锚点状态

图3-21　删除多余锚点后的形态

18. 选择 工具，将三角形调整为心形，效果如图 3-22 所示。

19. 将调整好的心形移动到如图 3-23 所示的位置。

20. 选择 工具，将心形的旋转中心调整到如图 3-24 所示的位置。

图3-22　调整后的图形

图3-23　图形放置的位置

图3-24　设置旋转中心位置

21. 按住 Alt 键，在旋转中心位置单击鼠标左键，弹出【旋转】对话框，参数设置如图 3-25 所示。

22. 单击 复制(C) 按钮，旋转复制出另外一个心形，如图 3-26 所示。

23. 按住 Ctrl 键，然后连续按 6 次 D 键，重复执行心形的旋转复制操作，旋转复制出如图 3-27 所示的效果。

图3-25　【旋转】对话框

图3-26　旋转复制出的图形 1

图3-27　旋转复制出的图形 2

24. 选择 ⬚ 工具，在页面中连续单击，绘制如图 3-28 所示的路径图形，描边设置为 "2pt"，颜色设置为浅绿色（C:50,Y:100）。

25. 选择 ⬚ 工具，将图形调整成如图 3-29 所示的形态。

26. 将图形填充与刚才绘制的心形图形相同的径向渐变颜色，效果如图 3-30 所示。

　　　　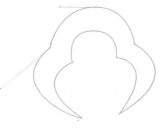　　　　

图3-28　绘制的图形　　　　图3-29　调整后的形态　　　　图3-30　填充渐变颜色效果

27. 将图形调整并移动到如图 3-31 所示的位置。

28. 选择 ⬚ 工具，将心形的旋转中心调整到如图 3-32 所示的位置。

29. 利用旋转复制操作，旋转复制得到如图 3-33 所示的图形。

图3-31　图形放置的位置　　　　图3-32　设置旋转中心　　　　图3-33　旋转复制出的图形

30. 利用 ⬚ 工具和 ⬚ 工具，绘制并调整出如图 3-34 所示的图形，并填充上与心形相同的渐变颜色。

31. 利用 ⬚ 工具选择绘制完成的图形，执行【对象】/【变换】/【对称】命令，弹出【镜像】对话框，设置选项如图 3-35 所示。

32. 单击 复制(C) 按钮，复制出另外一个图形，如图 3-36 所示。

图3-34　绘制的图形　　　　图3-35　【镜像】对话框　　　　图3-36　复制出的图形

33. 利用 ⬚ 工具将复制出的图形旋转一定角度，然后调整到如图 3-37 所示的位置。

34. 选择 ⬚ 工具，单击鼠标左键，弹出【星形】对话框，参数设置如图 3-38 所示。

35. 单击 确定 按钮，在页面中创建一个四角形，如图 3-39 所示。

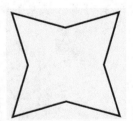

图3-37 调整后的图形　　　　　图3-38 【星形】对话框　　　　　图3-39 绘制出的图形

36. 选择 ，在如图 3-40 所示位置单击复制填充的渐变颜色。

37. 选择 ，在图形上面出现如图 3-41 所示的渐变颜色调整框。

38. 将渐变颜色调整框移动到如图 3-42 所示的位置。

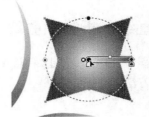

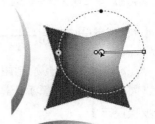

图3-40 复制渐变颜色　　　　　图3-41 出现的调整框　　　　　图3-42 调整位置

39. 给图形设置描边为"3pt"，描边颜色设置为黄色（C:5,Y:90），效果如图 3-43 所示。

40. 选择 ，将四角形其中的两个锚点删除，得到如图 3-44 所示的形态。

41. 选择 ，将图形调整成如图 3-45 所示的形态。

图3-43 设置轮廓效果　　　　　图3-44 删除锚点效果　　　　　图3-45 调整后的形态

42. 选择 ，绘制出如图 3-46 所示的两个具有绿色到黄色径向渐变颜色的图形。

43. 利用 将如图 3-47 所示的几个图形同时选择，执行【对象】/【编组】命令，将图形编组。然后利用旋转复制操作，复制得到如图 3-48 所示的图形。

图3-46 绘制的圆形　　　　　图3-47 选择图形　　　　　图3-48 旋转复制出的图形

44. 使用相同的绘制操作方法，在图案中继续绘制出如图 3-49 所示的图形。

45. 选择 ，绘制一正方形，并填充上淡绿色（C:10,Y:20），然后执行【对象】/【排列】/【置于底层】命令，将正方形放置在图案的后面，组合后的效果如图 3-50 所示。

图3-49　绘制的图形

图3-50　添加的底色

46．执行【文件】/【存储为】命令，将文件命名为"图案.ai"并保存。

3.1.3　课堂实训——绘制直线、折线和曲线

在利用路径工具绘制图形的过程中，添加、删除和转换锚点工具一般是配合使用的，本节以简单的案例来练习编辑路径的方法。

【步骤提示】

1．选择 [钢笔] 工具，在页面中依次单击鼠标左键，绘制出如图 3-51 所示的折线钢笔路径。

2．选择 [转换] 工具，然后将鼠标指针移动到第二个锚点位置处按下鼠标左键同时向右拖曳，此时锚点上将出现两条调节柄，如图 3-52 所示。

3．释放鼠标左键，调整调节柄后的路径形态如图 3-53 所示。

图3-51　创建的钢笔路径

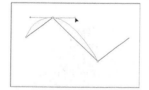

图3-52　出现的调节柄

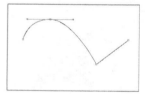

图3-53　调整后的路径

4．用同样的方法对第三个锚点进行调整，调整后的路径形态如图 3-54 所示。

5．选择 [钢笔] 工具，将鼠标指针移动到如图 3-55 所示的第二个锚点位置，然后单击鼠标左键，删除锚点后的路径形态如图 3-56 所示。

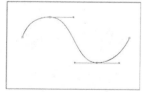

图3-54　调整后的路径形态

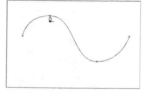

图3-55　鼠标指针所处的位置

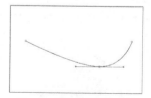

图3-56　删除锚点后的路径

6．将原路径中的第三个锚点删除，删除锚点后的路径变为如图 3-57 所示的线段。

7．选择 [添加] 工具，将指针移动到直线路径的中间位置后单击，在该位置添加一个新锚点，添加锚点后的形态如图 3-58 所示。

8．再利用 [转换] 工具，在添加的锚点位置按下鼠标左键同时向右下方拖曳，将钢笔路径调整至如图 3-59 所示的形态。

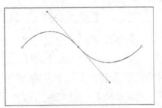

图3-57　删除锚点后的路径　　　　图3-58　添加锚点后的路径1　　　　图3-59　调整锚点后的路径2

3.2　绘制线及曲线图形工具

　　除了利用路径工具绘制线和图形之外，还有一些专门用于来绘制线和曲线图形及编辑线和图形的工具，本节来学习这些工具的功能和使用方法。

3.2.1　功能讲解

　　绘制线的工具包括【直线段】工具 ∕ 、【弧形】工具 ⌒ 、【螺旋线】工具 ◉ 、【矩形网格】工具 ▦ 和【极坐标网格】工具 ◉ ；绘制曲线的工具包括【铅笔】工具 ✐ 、【平滑】工具 ✐ 和【路径橡皮擦】工具 ✐ 。下面分别来介绍这些工具的基本功能。

　　一、　【直线段】工具

　　【直线段】工具 ∕ 的主要作用是绘制线段。在此工具被选中的情况下，在页面中按下鼠标左键并拖曳即可得到一条线段。如果要绘制精确的直线段，可以在激活 ∕ 按钮的情况下按键盘上的 Enter 键或在页面中单击鼠标左键，也可以双击工具箱中的该工具按钮，都会弹出如图 3-60 所示的【直线段工具选项】对话框，通过该对话框可以精确地设置直线段的长度、角度和是否填充颜色。

　　在按下鼠标左键并拖曳绘制直线时，同时按空格键，可以移动所绘制直线的位置（此快捷操作对于工具箱中的大多数工具都可使用，在后面其他工具的讲解过程中将不再赘述）；同时按 Alt 键，可以绘制由鼠标按下点为中心向两边延伸的直线段；同时按 Shift 键，可以绘制角度为 45° 或 45° 角倍数的直线段；同时按键盘上左上方的｀键，可以绘制放射式直线段。

　　二、　【弧形】工具

　　【弧形】工具 ⌒ 的主要作用是绘制弧线段或闭合的弧线图形。选择该工具后，将鼠标指针移动到页面中，按下鼠标左键不放确定起点，在不释放鼠标左键的情况下，拖曳鼠标指针到适当的位置时释放左键，即可完成弧线段或闭合的弧线图形的绘制。

　　绘制精确的弧线段或闭合的弧线图形，可以通过双击工具箱中的【弧形】工具 ⌒ 、按 Enter 键或在页面中单击鼠标左键。执行以上任一操作即可弹出如图 3-61 所示的【弧线段工具选项】对话框，在该对话框中可以设置精确的数值来定义创建出的弧形的大小。

　　在按下鼠标左键并拖曳绘制弧线或闭合的弧线图形时，同时再按 Shift 键，可以绘制对称的弧线或闭合的对称弧线图形；同时按键盘上的｀键，可以绘制多条弧线；同时按 C 键，可以在开放的弧线与闭合的弧线之间进行切换；同时按 F 键，可以翻转所绘制的弧线或闭合的弧线图形；同时按键盘上的 ↑ 方向键，可以增加圆弧的曲率；同时按键盘上的 ↓ 方向键，可以减小圆弧的曲率。

三、【螺旋线】工具

【螺旋线】工具 的主要作用是绘制螺旋线形。选择该工具，将鼠标指针移动到页面中，按下鼠标左键不放确定起点，在不释放鼠标左键的情况下，拖曳鼠标指针到适当的位置时释放按键，即可完成螺旋线的绘制。

如果要绘制精确的螺旋线，可在页面中单击鼠标左键，弹出如图 3-62 所示的【螺旋线】对话框。在该对话框中可以设置精确的数值来定义螺旋线的半径大小、衰减、段数以及样式等。

 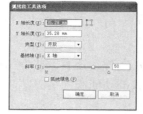 

图3-60　【直线段工具选项】对话框　　　图3-61　【弧线工具选项】对话框　　　图3-62　【螺旋线】对话框

要点提示　在按下鼠标左键并拖曳绘制螺旋线时，同时按键盘上的 ↑ 方向键，可以增加螺旋线的圈数，按键盘上的 ↓ 方向键，可以减少螺旋线的圈数。

四、【矩形网格】工具

利用【矩形网格】工具 可以快速地绘制网格图形。该工具使用方法非常简单，在页面中按下鼠标左键不放确定起点，在不释放鼠标左键的情况下，拖曳鼠标指针到适当的位置后释放左键，即可完成网格图形的绘制。

双击工具箱中的【矩形网格】工具 、按 Enter 键或在页面中单击鼠标左键，均可弹出如图 3-63 所示的【矩形网格工具选项】对话框，在该对话框中可以精确地设置网格的大小以及分割数量。

要点提示　在按下鼠标左键并拖曳网格图形时，按键盘上的 ↑ 方向键，可以在垂直方向上增加网格图形；按键盘上的 ↓ 方向键，可以在垂直方向上减少网格图形；按键盘上的 → 方向键，可以在水平方向上增加网格图形；按键盘上的 ← 方向键，可以在水平方向上减少网格图形。

五、【极坐标网格】工具

使用【极坐标网格】工具 可以绘制具有同心圆的放射线效果。选择该工具，将鼠标指针移动到页面中，按下鼠标左键不放确定起点，在不释放鼠标左键的情况下，拖曳鼠标指针到适当的位置时释放按键，即可完成极坐标网格图形的绘制。

双击工具箱中的【极坐标网格】工具 、按 Enter 键或在页面中单击鼠标左键，均可弹出如图 3-64 所示的【极坐标网格工具选项】对话框。

- 【宽度】和【高度】选项：分别输入数值，可以按照定义的大小绘制极坐标网格图形。
- 【同心圆分隔线】栏：在【数量】文本框中输入数值，可以按照定义的数值绘制同心圆网格的分割数量。在【倾斜】文本框中输入正数数值，可以按照由内向外的递减偏移进行同心圆网格分割；输入负数数值，可以按照由内向外的递增偏移进行同心圆网格分割。图 3-65 所示为设置不同的【倾斜】值时创建的极坐标网格图形。

图3-63 【矩形网格工具选项】对话框

图3-64 【极坐标网格工具选项】对话框

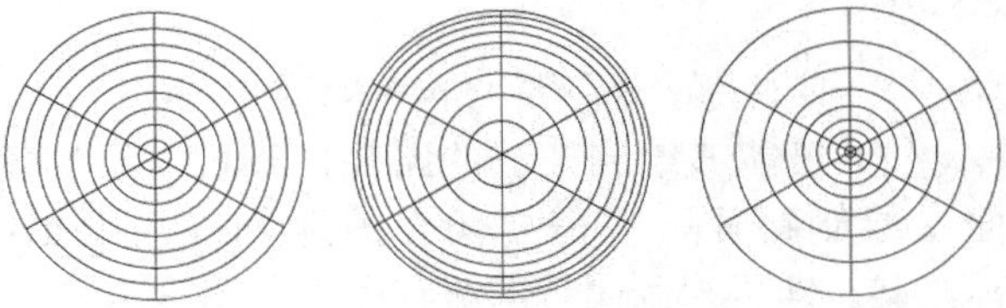

图3-65 设置不同的【倾斜】值时创建的极坐标网格图形 1

- 【径向分隔线】栏：在【数量】文本框中输入数值，可以按照定义的数值创建同心圆网格中的射线分割数量。在【倾斜】文本框中输入正数数值，可以按照逆时针方向递减偏移进行射线分割；输入负数数值，可以按照逆时针方向递增偏移进行射线分割。图 3-66 所示为设置不同的【倾斜】值时创建的极坐标网格图形。

- 【从椭圆形创建复合路径】复选项：勾选此复选项后，创建出的极坐标网格图形将以间隔的形式颜色填充，如图 3-67 所示。

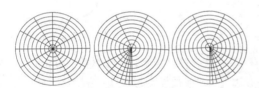

图3-66 设置不同的【倾斜】值时创建的极坐标网格 2

图3-67 从椭圆形创建的复合路径

 在按下鼠标左键并拖曳绘制极坐标网格图形时，同时按键盘上的 ↑ 方向键，可以增加同心圆网格的数量；按键盘上的 ↓ 方向键，可以减少同心圆网格的数量；按键盘上的 → 方向键，可以增加同心圆网格射线的数量；按键盘上的 ← 方向键，可以减少同心圆网格射线的数量；同时按住 Shift 键，可以绘制圆形极坐标网格图形。

六、【铅笔】工具

利用【铅笔】工具 ✎ 可以在页面中绘制任意形状的开放或闭合路径。双击【铅笔】工具 ✎ 或按 Enter 键，弹出如图 3-68 所示的【铅笔工具选项】对话框。利用该对话框中的选项和参数可以设置绘制线时的保真度、平滑度、是否填充新铅笔描边、是否保持选定和被编辑等。

选择【铅笔】工具 ，在页面中按下鼠标左键并拖曳，即可绘制需要的路径，在绘制过程中，将有一条虚线跟随鼠标指针，铅笔工具将变为 形妆，释放鼠标左键后即可确定绘制的路径。

图3-68　【铅笔工具选项】对话框

- 如果要在现有的路径上延长路径，可以将现有的路径选择后，将铅笔工具放置在路径的端点位置上按下鼠标左键并拖曳，即可继续绘制并延长路径。图 3-69 所示为在现有的路径上继续绘制路径的状态图。

图3-69　在现有的路径上继续绘制路径状态图

使用【铅笔】工具 不仅能够绘制开放的路径，还可以绘制闭合的路径。选择【铅笔】工具 ，在页面中绘制路径，在需要闭合的地方按住 Alt 键，在铅笔工具变为" "形状时释放鼠标左键，即可得到闭合的路径图形。图 3-70 所示为绘制闭合路径状态与闭合后的图形。

使用【铅笔】工具 不仅能够绘制路径，还可以根据需要修改路径。首先选择现有的路径，然后将铅笔工具放置在路径中被修改的位置，按下鼠标左键并拖曳，当达到所要形状时，确认【铅笔】工具还在路径上面，释放鼠标左键，即可得到修改后的路径。图 3-71 所示为修改路径过程示意图。

图3-70　绘制闭合路径状态与闭合后的图形

图3-71　利用【铅笔】工具修改路径示意图

要点提示　在修改路径时，如果【铅笔】工具没有放置在被选择的路径上面，拖曳鼠标指针则会绘制出一条新的路径，如果终点位置没有在原路径上，则原路径将被破坏。

使用【铅笔】工具 还可以把闭合的路径修改为开放的路径，或者把开放的路径修改为闭合的路径。将铅笔工具放置在被选择的闭合路径上面向外拖曳，释放鼠标左键后，即可得到开放的路径，如图 3-72 所示。

图3-72　将闭合路径修改为开放路径示意图

将【铅笔】工具 放置在开放路径的一个端点上，按住鼠标左键向另一个端点画线，释放鼠标左键后，即可把开放的路径合并成闭合的路径，如图 3-73 所示。

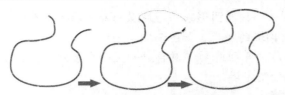

图3-73　将开放路径修改为闭合路径示意图

七、【平滑】工具

使用【平滑】工具 可以对路径进行平滑处理，同时尽可能地保持路径的原有形状。在使用此工具之前首先要确认路径被选择，然后利用此工具在路径上需要平滑的位置拖曳鼠标指针，即可完成路径的平滑处理，如图 3-74 所示。

在工具箱中双击【平滑】工具 或按 Enter 键，弹出如图 3-75 所示的【平滑工具选项】对话框。在该对话框中同样可以设置平滑线时的保真度和平滑度。

图3-74　使用【平滑】工具平滑路径示意图

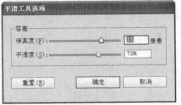

图3-75　【平滑工具选项】对话框

八、【路径橡皮擦】工具

利用【路径橡皮擦】工具 可以将路径中多余的部分清除，在被选择的路径中按下鼠标左键沿路径拖曳鼠标指针，即可将多余的路径清除，如图 3-76 所示。

图3-76　路径清除前和清除后的对比效果

3.2.2　范例解析——绘制蝴蝶图形

本节通过绘制一个简单的蝴蝶图形来学习绘制线工具的使用方法。

1. 选择 工具，在页面中按下鼠标左键并拖曳出如图 3-77 所示的弧形。
2. 同时按下键盘上的 键，继续按住鼠标左键拖动，绘制出如图 3-78 所示蝴蝶的翅膀。
3. 使用相同的操作，再绘制出蝴蝶左边的翅膀，如图 3-79 所示。

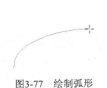

图3-77　绘制弧形

图3-78　绘制的翅膀 1

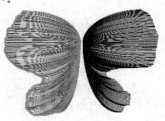

图3-79　绘制的翅膀 2

4. 选择 ◎ 工具，绘制一个椭圆图形来作为蝴蝶的身体图形，如图 3-80 所示。
5. 利用 ⌒ 工具绘制出蝴蝶的触角，如图 3-81 所示。
6. 再绘制出左边的触角，并利用 ◎ 工具再绘制上两个小圆形，如图 3-82 所示。这样，一个简单的蝴蝶图形绘制完毕。

图3-80　绘制的图形

图3-81　绘制出的触角

图3-82　绘制的圆形

7. 执行【文件】/【存储为】命令，将文件命名为"蝴蝶.ai"并保存。

3.2.3 课堂实训——绘制蝴蝶和蜗牛图形

根据本节学习的内容来绘制如图 3-83 所示的蝴蝶和蜗牛图形。

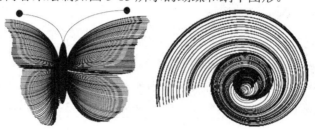
图3-83　蝴蝶和蜗牛图形

3.3 画笔工具

画笔工具有两种，一个是【画笔】工具 ✐，另一个是【斑点画笔】工具 ✐。利用这两个工具可以创造出许多不同的图形效果，在使用该工具绘制图形之前，首先要在【画笔】面板中选择一个合适的笔刷，选用的笔刷不同，所绘制的图形形状也不相同。

3.3.1 功能讲解

本节来学习有关画笔工具的各种功能，包括预置笔刷、画笔类型、画笔选项、画笔的新建及管理等。

一、　【画笔】工具

【画笔】工具 ✐ 用于徒手绘画、绘制书法线条以及路径图形和图案等。

二、　【斑点画笔】工具

【斑点画笔】工具 ✐ 所绘制的路径会自动扩展，当绘制到页面中与其具有相同颜色的图形或用该画笔绘制的图形时，会自动将其合并成一个整体。图 3-84 所示为分别利用 ✐ 和 ✐ 工具绘制的路径生成的效果对比。

三、 预置笔刷

为了更有效地应用 ✐ 工具，在应用之前可以先对该工具的属性进行设置。双击工具箱中的 ✐ 工具，会弹出【画笔工具选项】对话框，如图 3-85 所示。在该对话框中设置相应的选项及参数，可以控制图形中锚点的数量、平滑程度、是否被填充、保持选定及是否可被编辑等属性。

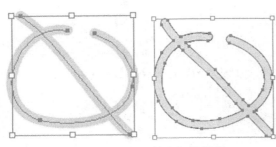

图3-84   不同画笔工具生成的不同效果

图3-85   【画笔工具选项】对话框

四、 创建画笔路径

创建画笔路径的方法很简单：首先在工具箱中选择【画笔】工具 ✐，然后在【画笔】面板中选择一种笔刷，再将鼠标指针移动到页面中拖曳鼠标指针即可创建指定的画笔路径。

> **要点提示** 在页面中选择其他绘图工具绘制图形后，在【画笔】面板中选择相应的笔刷，也可以将普通路径修改为画笔路径。

要取消路径具有的画笔效果，可先在页面中选择此画笔路径，然后在【画笔】面板中单击【移去画笔描边】按钮 ✖，或执行【对象】/【路径】/【轮廓化描边】命令。

五、 画笔类型

在"画笔"面板中，系统为用户提供了书法、散点、毛刷、图案和艺术 5 种类型的画笔，组合使用这几种画笔可以得到千变万化的艺术效果。另外，除了使用系统内置的画笔以外，用户还可以根据需要创建新的画笔，并将其保存到【画笔】面板中。执行【窗口】/【画笔】命令或按 F5 键，即可显示如图 3-86 所示的【画笔】面板。单击【画笔】面板右上角的 ▾ ，在弹出的下拉菜单中可以看到这 5 种画笔类型，如图 3-87 所示。单击任一命令取消前面的对号，即可在【画笔】面板中将该类画笔隐藏。

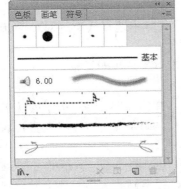

图3-86   【画笔】面板

图3-87   画笔类型

- 书法画笔：这种类型的画笔可以沿着路径中心创建出具有书法效果的笔画，如图 3-88 所示。
- 散点画笔：这种类型的画笔可以创建图案沿着路径分布的效果，如图 3-89 所示。

图3-88　书法画笔创建出的路径效果

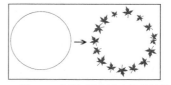

图3-89　分散画笔创建出的路径效果

- 毛刷画笔：应用这种类型的画笔可以绘制类似毛刷的路径效果，如图 3-90 所示。

图3-90　毛刷画笔绘制的路径效果

- 图案画笔：应用这种类型的画笔可以绘制由图案组成的路径，图案会沿着路径不断地重复，如图 3-91 所示。
- 艺术画笔：应用这种类型的画笔可以创建一个对象或轮廓线沿着路径方向均匀展开的效果，如图 3-92 所示。

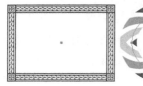

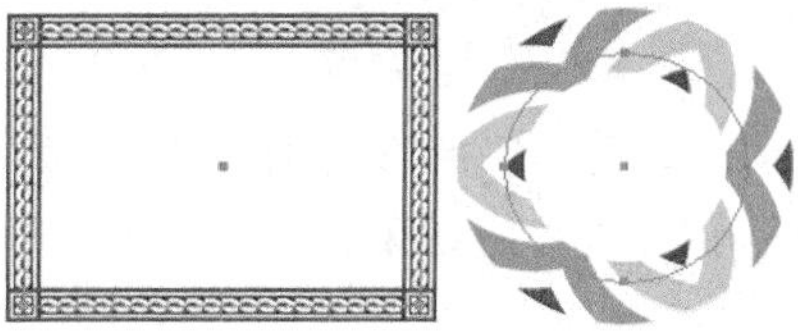

图3-91　图案画笔创建出的路径效果

图3-92　艺术画笔创建出的路径效果

六、　画笔选项设置

应用【画笔】工具绘制路径的过程中，如果在默认的参数状态下不能得到满意的笔刷效果，可以在【描边选项】对话框中重新设置画笔选项的参数，从而绘制出更理想的画笔效果。调出【描边选项】对话框的方法有以下 3 种。

（1）利用【画笔】工具绘制路径或图形，并且选中绘制的路径或图形，单击【画笔】面板下面的【所选对象的选项】按钮。

（2）单击【画笔】面板右上角的，在弹出的下拉菜单中选择【所选对象的选项】或【画笔选项】命令。

（3）在【画笔】面板中需要设置的画笔上双击，弹出以下选项对话框。

- 书法画笔选项。

在【画笔】面板中双击任意一个"书法效果"笔刷，弹出如图 3-93 所示的【书法画笔选项】对话框，在该对话框中可以给书法笔刷命名，设置笔刷角度、圆度以及直径大小等。

- 散点画笔选项。

在【画笔】面板中双击任意一个"散点"笔刷，弹出如图 3-94 所示的【散点画笔选项】对话框。通过该对话框不但可以给散点笔刷命名、设置笔刷的大小，还可以设置笔刷的间距、分布、旋转角度和颜色等。

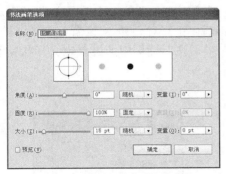

图3-93 【书法画笔选项】对话框

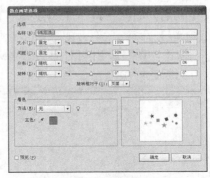

图3-94 【散点画笔选项】对话框

- 毛刷画笔选项。

在【画笔】面板中双击任意一个"毛刷"笔刷，弹出如图 3-95 所示的【毛刷画笔选项】对话框。通过该对话框可以选择毛刷的形状，设置毛刷的大小、长度、密度、粗细、上色透明度以及硬度等参数。

- 图案画笔选项。

在【画笔】面板中双击任意一个"图案"笔刷，弹出如图 3-96 所示的【图案画笔选项】对话框。通过该对话框可以给图案笔刷命名，在路径的端点处、拐角处及路径中设置不同的效果；笔刷的大小比例、翻转、缩放方式以及颜色等都可以通过不同的选项来设置；在对话框中单击【起点拼贴】按钮 □ 或【终点拼贴】按钮 ▷，再在其下的选项窗口中选择一种图案，可给路径起点或终点设置图案。

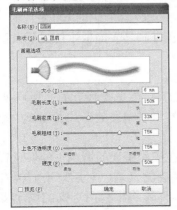

图3-95 【毛刷画笔选项】对话框

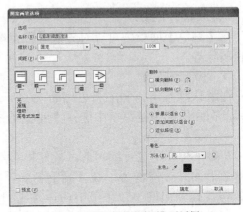

图3-96 【图案画笔选项】对话框

- 艺术画笔选项。

在【画笔】面板中双击任意一个"线条"笔刷，系统将弹出如图 3-97 所示的【艺术画笔选项】对话框。通过该对话框可以设置艺术笔刷的名称、方向、大小以及翻转等。

七、 新建画笔

虽然 Illustrator CS6 为用户提供了大量的画笔，但创意是无止境的，在执行千变万化的设计任务时，系统中提供的画笔是远远不够的，这就需要设计者在绘图过程中去创建新的画笔。

新建画笔的方法非常简单，在页面中利用绘图工具绘制出用于创建画笔的路径且将其选中，在【画笔】面板下单击【新建画笔】按钮 ，或单击右上角的 ，在下拉菜单中选择【新建画笔】命令，弹出如图 3-98 所示的【新建画笔】对话框，设置选项后再单击 确定 按钮，即可弹出相对应的画笔选项对话框，最后在对话框中通过自定义形状和参数就可以得到新建的画笔。

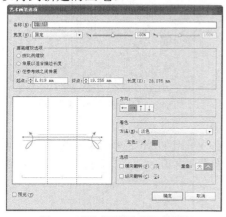

图3-97 【艺术画笔选项】对话框

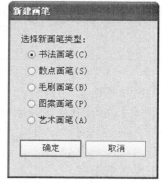

图3-98 【新建画笔】对话框

新建画笔时，若要创建散点画笔或艺术画笔，首先要在页面中选择用于定义新画笔的图形或路径，否则，【新建画笔】对话框中【新建散点画笔】和【新建艺术画笔】两个选项显示为灰色。若要创建图案画笔，可以使用简单的路径来定义，也可以使用【色板】面板中的"图案"来定义。

八、 笔刷管理

在【画笔】面板中可以对画笔进行管理，包括画笔在【画笔】面板中的显示及画笔的复制和删除等。

* 画笔的显示。

在默认状态下，画笔将以缩略图的形式在面板中显示。单击【画笔】面板右上角的 按钮，在弹出的下拉菜单中选择【列表视图】命令，画笔将以列表的形式在面板中显示。

* 画笔的复制。

在对某种画笔进行编辑前，最好将其复制，以确保在操作错误的情况下能够进行恢复。复制画笔的具体操作为：在【画笔】面板中选择需要复制的画笔，然后单击面板右上角的 按钮，在弹出的下拉菜单中选择【复制画笔】命令，即可将当前所选择的画笔复制。另外，在需要复制的画笔上按下鼠标左键，并将其拖曳到底部的 按钮上，释放鼠标左键后，也可在【画笔】面板中将拖曳的画笔复制。

* 画笔的删除。

当在【画笔】面板中创建了多个画笔后，可以将不使用的画笔删除。删除画笔的具体操作为：在【画笔】面板中选择需要删除的画笔，然后单击面板底部的【删除画笔】按钮 ，或单击右上角的 按钮，在弹出的下拉菜单中选择【删除画笔】命令即可。

要点提示 Illustrator CS6 中除了默认的【画笔】面板外，还提供了丰富的画笔资源库。执行【窗口】/【画笔库】命令，在弹出的下一级菜单中选择任意命令，即可打开相应的画笔库。

3.3.2 范例解析——给照片绘制艺术边框

本节通过给照片绘制如图 3-99 所示的艺术边框，来学习画笔工具的使用方法。

1. 启动 Illustrator CS6 软件，创建一个新文档。

2. 执行【窗口】/【符号】命令，显示【符号】面板。

3. 单击【符号】面板左下角的 按钮，在弹出的下拉菜单中选择【花朵】命令，弹出 【花朵】面板。然后将如图 3-100 所示名为"雏菊"的花朵拖曳到页面中，该花朵符号 即可添加到【符号】面板中，如图 3-101 所示。

图3-99　绘制的艺术边框

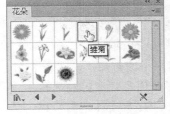

图3-100　选择的花朵

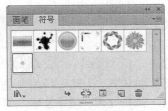

图3-101　添加的符号

4. 打开【色板】面板，然后在选中的符号上按住鼠标左键并向【色板】面板中拖曳，如 图 3-102 所示，释放鼠标左键后建立色样，如图 3-103 所示。

5. 打开【画笔】面板，然后将如图 3-104 所示名为"分割线"的画笔拖曳到页面中，然后 再添加到【色板】面板中。

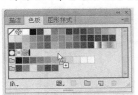

图3-102　拖曳建立色样状态

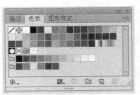

图3-103　新建的图案色样

图3-104　选择的图形

6. 完成图案样式的添加后，将页面中的符号删除。

7. 在【画笔】面板底部单击 按钮，弹出【新建画笔】对话框，选项设置如图 3-105 所示。

8. 单击 确定 按钮，在弹出的【图案画笔选项】对话框中选择"新建图案色板 2"选项 定义画笔，如图 3-106 所示。

9. 单击【外角拼贴】按钮 ，用同样方法在"新建图案色板 1"选项上单击定义画笔，如 图 3-107 所示。

图3-105　【新建画笔】对话框

图3-106　【图案画笔选项】对话框

图3-107　新建的图案色样

10. 设置好图样后单击 确定 按钮，完成画笔的定义，打开【画笔】面板，所定义的画笔 如图 3-108 所示。

11. 选择 ▣ 工具，在页面中绘制一个矩形，将矩形的填充色设置为粉红色（M:30），将矩形的轮廓设置为定义的画笔，描边宽度设置为 "1.5pt"，效果如图 3-109 所示。

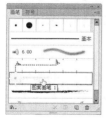

图3-108　定义的画笔

图3-109　边框效果

本书所做的案例采用的是 CMYK 颜色模式，所以给出的颜色都是 CMYK 参数值，当某一个颜色值为 0 时，将省略，例如（C:15,M:43,Y:0,K:0），将直接表述为（C:15,M:43）。

12. 选择 ▣ 按钮，在页面中绘制一个圆角矩形，如图 3-110 所示。

13. 按住 Shift 键，将绘制的矩形和圆角矩形同时选择。

14. 执行【窗口】/【对齐】命令，打开【对齐】面板，然后在【对齐】面板中分别单击 ▣ 按钮和 ▣ 按钮，将选择的图形对齐。

15. 执行【文件】/【置入】命令，将 "图库\第 03 章" 目录下名为 "婚纱照.jpg" 文件置入。

16. 选择圆角矩形，执行【对象】/【排列】/【置于顶层】命令，将圆角矩形放置在图片上面，如图 3-111 所示。

图3-110　绘制的圆角矩形

图3-111　置入的图片与圆角矩形

17. 将圆角矩形与置入的图片同时选择，执行【对象】/【剪切蒙版】/【建立】命令，创建蒙版，完成艺术边框的绘制，效果如图 3-112 所示。

图3-112　绘制完成艺术相框效果

18. 执行【文件】/【存储为】命令，将文件命名为 "艺术相框.ai" 并保存。

3.3.3　课堂实训——绘制艺术相框

利用本章所学的【画笔】工具 ✐ 绘制如图 3-113 所示的艺术相框。

【步骤提示】

1. 选择【矩形】工具 ▣，在页面中绘制一个矩形，然后将其填充色设置为黄绿色（C:20,Y:50）。
2. 打开【画笔】面板，单击面板右上角的 ▤，在弹出的下拉列表中选择【打开画笔库】/【边框】/【边框_装饰】命令，在【边框_装饰】面板中选择如图 3-114 所示的装饰边框。
3. 将"图库\第 03 章"目录下的"照片.jpg"文件置入，利用【椭圆】工具 ⬭ 绘制椭圆形，如图 3-115 所示。

图3-113　绘制完成的艺术相框　　　　　图3-114　选择装饰图形　　　　　图3-115　创建剪切蒙版效果

4. 将椭圆形和图片选择后，再执行【对象】/【裁切蒙版】/【建立】命令，制作裁切蒙版效果。

3.4　综合案例——绘制人物装饰画

本节通过绘制如图 3-116 所示的人物装饰画来综合练习本章介绍的路径工具、画笔工具和其他工具的使用方法和技巧。

【步骤提示】

1. 启动 Illustrator CS6 软件，创建一个新文档。
2. 利用 ✐ 工具和 ▷ 工具，绘制并调整出如图 3-117 所示的人物轮廓形状。
3. 继续利用 ✐ 工具和 ▷ 工具，依次绘制出衣服的花纹，颜色填充依次为蓝色（C:75,M:18,Y:18）、褐色（C:51,M:100,Y:100,K:36）和橘红色（M:80,Y:95），效果如图 3-118 所示。

图3-116　绘制的装饰画　　　　　图3-117　绘制的人物轮廓　　　　　图3-118　绘制的衣服

4. 用同样的方法，绘制出人物身上的"腰带"及"手"图形，效果如图 3-119 所示。

5. 在人物的头部绘制并调整出如图 3-120 所示"帽子"的轮廓形状。

6. 打开【色板】面板，在【色板】面板中单击"鱼形图案"色样，建立的色样如图 3-121 所示。

图3-119　绘制的"腰带"及"手"图形

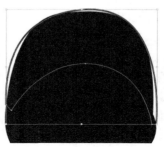

图3-120　绘制的轮廓图形

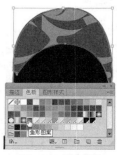

图3-121　填充色样

7. 在人物的颈部绘制出如图 3-122 所示的曲线，用来表示人物的项链。

8. 将【画笔】面板显示，单击【画笔】面板左下角的 按钮，在弹出的下拉菜单中选择 【边框】/【边框-新奇】命令，弹出【边框-新奇】面板，此时，将人物的颈部曲线设置 为定义的画笔，效果如图 3-123 所示。

9. 单击【画笔】面板左下角的 按钮，在弹出的下拉菜单中选择【边框】/【边框-装 饰】命令，弹出【边框-装饰】面板，选中如图 3-124 所示的边框。

图3-122　绘制的线

图3-123　选择图样

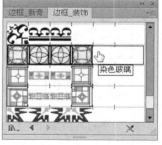

图3-124　选择图样

10. 将选中的边框拖曳到页面中，然后执行【取消编组】命令，选择如图 3-125 所示后面的 两个图形，将其删除。

  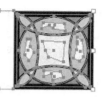

图3-125　需要删除的图形

11. 将剩下的一个图形放置到人物的耳朵下面，用来表示耳坠，起到装饰作用，然后同时 按住 Shift 键和 Alt 键移动复制出另外一个，如图 3-126 所示。

12. 利用 工具绘制出耳坠上面的线条，颜色为桔黄色（M:50,Y:100），描边宽度为 "1pt"。再利用 工具绘制人物的嘴巴，填充颜色为红色（C:15,M:100,Y:90,K:10），描 边宽度为 "1pt"，效果如图 3-127 所示。

13. 选择 工具，在页面中单击鼠标左键，弹出【极坐标网格工具选项】对话框，参数设置如图 3-128 所示。

图3-126　移动复制出的耳坠

图3-127　绘制线条

图3-128　【极坐标网格工具选项】对话

14. 单击 确定 按钮，在页面中创建如图 3-129 所示的黄色（M:50,Y:100）极坐标网格图形，轮廓宽度设置为 "1pt"，把创建好的图形放置到"腰带"的中心位置。

15. 选择 工具，在页面中绘制一个矩形，将矩形的轮廓设置为如图 3-130 所示的画笔，描边宽度设置为 "1pt"。

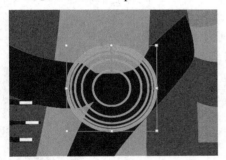

图3-129　创建的极坐标网格图形

图3-130　设置画笔

16. 单击【符号】面板左下角的 按钮，在弹出的下拉菜单中选择【花朵】命令，弹出【花朵】面板，选择如图 3-131 所示的花朵，拖曳到画面中旋转角度，效果如图 3-132 所示。

17. 按住 Alt 键，将选中的花朵复制，并将复制的花朵自由改变位置、大小和角度，效果如图 3-133 所示。

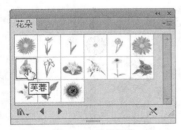

图3-131　选择花朵

图3-132　旋转角度

图3-133　复制出的花朵

18. 利用 工具和 工具，绘制如图 3-134 所示的花藤，填充颜色设置为淡绿色（C:20,Y:100），描边宽度为 "2pt"。

19. 选择 工具，在页面中单击鼠标左键，弹出【螺旋线】对话框，参数设置如图 3-135 所示。

20. 单击 ___确定___ 按钮，在页面中创建黄色的（M:50,Y:100）螺旋线，然后利用 工具将旋转中心移至如图 3-136 所示的位置。

图3-134　绘制的花藤

图3-135　【螺旋线】对话框

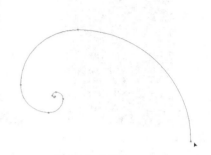

图3-136　旋转中心位置

21. 按住 Alt 键在旋转中心上单击，在弹出的【旋转】对话框中设置【角度】参数为 "5°"，单击 _复制(C)_ 按钮，复制出另外一条螺旋线，如图 3-137 所示。

22. 按住 Ctrl 键，然后连续按 6 次 D 键，重复执行螺旋线的旋转复制操作，旋转复制出如图 3-138 所示的形状。

23. 将复制出的线形全部选中，执行【对象】/【变换】/【旋转】命令，将线旋转 180°。

24. 执行【对象】/【排列】/【置于底层】命令，将线放置到如图 3-139 所示的位置。

图3-137　复制出的线

图3-138　复制出的线

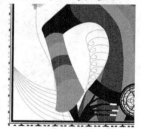

图3-139　线放置的位置

25. 继续使用 工具绘制出一些颜色和形状都不同的螺旋线，以此来增强画面的装饰效果，如图 3-140 所示。

26. 利用 工具在画面中再绘制 3 个不同黄色和红色的极坐标网格图形，将它们分布到画面中，如图 3-141 所示。

图3-140　绘制的线

图3-141　绘制的极坐标网格图形

27. 执行【文件】/【存储为】命令，将文件命名为"人物装饰画.ai"并保存。

3.5　课后作业

1. 下面通过绘制如图 3-142 所示的儿童画来巩固并掌握本章所学习的工具。

图3-142　绘制的儿童画

【步骤提示】

(1) 利用 ▢ 工具绘制一个矩形，然后为其填充淡绿色（C:33,M:10,Y:78 ）到淡黄色（C:4,M:4,Y:37）的线性渐变色，再利用 ↖ 工具将图形调整到如图 3-143 所示的形态。

(2) 绘制一个蓝色（C:49,M:12）矩形，调整到如图 3-144 所示的位置。

图3-143　调整的图形

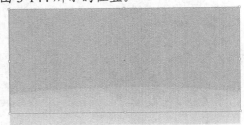

图3-144　绘制的蓝色图形

(3) 利用 ✒ 工具在蓝色矩形上边缘的中心位置添加一个锚点，利用 ↖ 工具向下调整成如图 3-145 所示形态。

(4) 选择 ⬭ 按钮，绘制如图 3-146 所示的大小不一的圆形。

图3-145　调整图形

图3-146　绘制的圆形

(5) 将绘制的所有圆形和蓝色矩形同时选择，执行【对象】/【编组】命令，使其编组，成为一个整体。

(6) 将编组后的图形填充淡蓝色（C:49,M:12）到淡黄色（C:9,Y:12）的线性渐变，效果如图 3-147 所示。

(7) 将绘制好的图形复制一个，并填充白色，再利用 ▢ 工具绘制一个矩形，填充从淡蓝色到淡黄色的渐变色并放置在最底层，作为天空，效果如图 3-148 所示。

图3-147 填充颜色效果

图3-148 绘制的图形

(8) 利用 ⬭ 工具和 ⬚ 工具绘制如图 3-149 所示的图形，颜色填充为深绿色（C:57,M:24,Y:100），描边设置为"1pt"，描边颜色为暗绿色（C:74,M:55,Y:100,K:20）。

(9) 执行【编辑】/【复制】命令和【编辑】/【贴在前面】命令，将绘制好的图形复制粘贴，并将它等比例缩小，填充草绿色（C:45,M:24,Y:95），采用同样方法再次复制并粘贴图形，填充淡绿色（C:26，M:9,Y:73），最后效果如图 3-150 所示。

(10) 利用 ⬭ 工具绘制出如图 3-151 所示的图形，填充颜色依次为褐色（C:52,M:66,Y:100,K:14）、土黄色（C:38,M:52,Y:100）和浅黄色（C:26,M:35,Y:72），描边设置为"1pt"，描边颜色设置为深褐色（C:65,M:78,Y:100,K:53）。

图3-149 绘制的图形

图3-150 复制出的图形

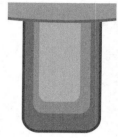
图3-151 绘制的图形

(11) 利用 ⬭ 工具依次绘制眼睛和脸蛋图形，如图 3-152 所示的。

(12) 利用 ✑ 工具绘制如图 3-153 所示的"嘴"形状，颜色设置为深绿色（C:90,M:30,Y:95,K:30），"小树"图形就绘制好了。

(13) 利用 ✑ 工具和 ⬚ 工具，绘制并调整出如图 3-154 所示的图形，填充颜色分别设置为黄灰色（C:43,M:53,Y:100）和深褐色（C:64,M:71,Y:100,K:41）。

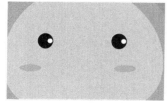
图3-152 绘制的图形

图3-153 绘制的"嘴"图形

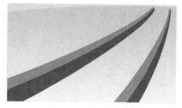
图3-154 绘制的图形

(14) 再继续绘制如图 3-155 所示的图形，填充颜色分别设置为红灰色（C:48,M:80,Y:100,K:16）和深红褐色（C:57,M:83,Y:100,K:43）。

(15) 将前面绘制好的"小树"复制几棵，并等比例改变大小，放置到画面中不同的远近位置。

(16) 在【符号】面板中找到"花朵"和"小草"图形，添加到画面中。至此，整幅儿童画绘制完毕，效果如图 3-156 所示。

图3-155　绘制的图形

图3-156　绘制完成的儿童画

(17) 执行【文件】/【存储为】命令，将文件命名为"儿童画.ai"并保存。

2.　根据本章所学的内容，通过绘制如图 3-157 所示的卡通图形来巩固和掌握路径工具的使用方法。

【步骤提示】

(1) 执行【文件】/【置入】命令，将"图库\第 03 章"目录下的"卡通形象.jpg"文件置入，如图 3-158 所示。

图3-157　绘制的卡通

图3-158　置入的图像

(2) 利用 工具和 工具，按照卡通形象线描稿绘制并调整出如图 3-159 所示的虎头轮廓形状。

(3) 利用 工具，按住 Shift 键，将轮廓图形水平移动至卡通形象线描稿的右侧，然后将其填充色设置为黄色（C:6,M:2,Y:58），描边色设置为黑色，并将选项栏中 描边 3 pt 的参数设置为"3 pt"。

(4) 利用 工具和 工具，继续绘制出两个"耳朵"图形，如图 3-160 所示。

图3-159　绘制的虎头轮廓形状

图3-160　绘制的"耳朵"图形

(5) 按照卡通形象线描稿，依次绘制出如图 3-161 所示的装饰结构图形，其填充色为红色（M:80,Y:95）。

(6) 选择 ▶ 工具，在页面的空白区域处单击，取消对所有图形的选择，然后将工具箱中的填充色设置为无，描边颜色设置为黑色。

(7) 利用 ✐ 工具和 ⌐ 工具，按照卡通形象线描稿，绘制并调整出如图 3-162 所示的结构图形。

图3-161　绘制出的装饰图形

图3-162　绘制出的图形

(8) 利用 ◉ 工具绘制如图 3-163 所示的圆形，将其作为"眼睛"图形，并复制得到右边的眼睛，如图 3-164 所示。

图3-163　绘制的眼睛图形

图3-164　复制出的图形放置的位置

(9) 其他部分的结构绘制方法基本相同，可按照卡通形象线描稿，依次绘制出卡通的其他结构，其绘制过程示意图如图 3-165 所示。

图3-165　绘制卡通图形时的过程示意图

(10) 按 Ctrl+S 组合键，将此文件命名为"小老虎卡通.ai"并保存。

第4章 填充工具及混合工具

本章讲解图形的填充操作，包括单色填充、渐变色填充和图案填充等。为图形进行填充及制作艺术效果是必不可少的工作内容。在 Illustrator CS6 中，系统为用户提供了多种填充方法，熟练掌握这些方法，可以提高用户的工作效率。另外，可以利用系统提供的混合工具对图形进行特殊效果的处理，使图形产生惟妙惟肖的动态效果。

【学习目标】
- 掌握填充工具的使用方法和技巧，其中包括【渐变】工具、【渐变】面板、【网格】工具、【吸管】工具与【实时上色】工具等。
- 掌握【混合】工具的使用方法和技巧。
- 学会各种渐变颜色的设置方法。

4.1 填充工具

在 Illustrator CS6 中，填充工具除了第 2 章介绍的各种颜色面板之外，还有【渐变】工具、【渐变】面板、【网格】工具、【吸管】工具与【实时上色】工具等。本节将介绍这几个工具的使用方法。

4.1.1 功能讲解

本节介绍上述几种填充工具的功能及使用方法。

一、【渐变】面板

执行【窗口】/【渐变】命令（其快捷键为 Ctrl+F9 组合键），或双击工具，打开【渐变】面板，如图 4-1 所示。

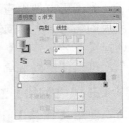

图4-1 【渐变】面板

- 【类型】选项：此选项左侧的选项窗口中显示了当前选用的渐变类型，在其下拉列表中提供了【径向】和【线性】两种渐变。图 4-2 所示为分别选择同一渐变色下的【径向】和【线性】选项时产生的不同填充效果。
- 【反向渐变】按钮：单击该按钮，可以将填充的渐变色改变方向。
- 【角度】选项：其参数值决定了渐变颜色的方向。图 4-3 所示为不设置【角度】值与设置旋转 45° 时产生的不同渐变效果。
- 【长宽比】选项：当给图形设置了径向渐变时该选项才可用。通过设置该选项可以定义渐变颜色的长宽比例。
- 【渐变滑块】图标和：“渐变滑块”代表渐变的颜色及所在色条中的位置，拖曳渐变滑块，即可对当前的渐变色进行调整。

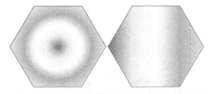

图4-2　不同渐变类型产生的不同填充效果

图4-3　不设置与设置渐变角度产生的效果

- 【位置】选项：只有在【渐变】面板中选择了【渐变滑块】之后，此选项才可用，其右侧的参数显示了当前所选【渐变滑块】的位置。

二、　【色板】面板

执行【窗口】/【色板】命令，弹出如图 4-4 所示的【色板】面板。用户在绘图过程中可以将创建的颜色、渐变以及图案保存在【色板】面板中，以便随时调用。如果用户保存的颜色、渐变或图案太多，就会使【色板】面板显得杂乱，此时可以利用面板下面的类型显示按钮使面板中只显示某一类型的色板。

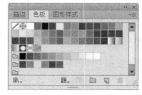

图4-4　【色板】面板

- 【色板库菜单】按钮：单击该按钮可以弹出菜单，用来选择各种色板。
- 【显示"色板"类型】按钮：单击该按钮可以弹出菜单，用来设置显示色板的类型。
- 【色板选项】按钮：单击该按钮，弹出【色板选项】对话框，用来设置填充的颜色和类型。
- 【新建颜色组】按钮：单击该按钮，弹出【颜色组】对话框，用来设置颜色组。
- 【新建色板】按钮：单击该按钮，弹出【新建色板】对话框，用来设置新的颜色。
- 【删除色板】按钮：单击该按钮，可以在色板面板中删除选择的颜色。

为了更方便地查找所需色板，除了可以按各种模式显示色板以外，系统还可以让用户按色板的名称、种类或载入位置重新排列。单击面板右上角的按钮，在弹出的下拉菜单中选择【按名称排序】命令，可以使色板按名称的字母顺序进行排列；选择【按类型排序】命令，可以使色板按单一的颜色、渐变或图案进行分类排列。

三、　【网格】工具

使用【网格】工具可以在一个操作对象内创建多个渐变点，从而对图形进行多个方向和多种颜色的渐变填充。利用【网格】工具创建自然平滑的颜色过渡效果，如图 4-5 所示。

利用工具填充渐变色的工作原理是：在当前选择的操作对象中创建多个网格点，构成精细的网格，也就是将操作对象细分为多个区域（此时选择的对象即转换为网格对象），然后在每个区域或每个网格点上填充不同的颜色，系统会自动在不同颜色的相邻区域之间形成自然、平滑的过渡，从而创建多个方向和多种颜色的渐变填充效果。

网格对象由网格点、网格线和网格单元 3 部分组成，如图 4-6 所示。

图4-5 网格工具产生的渐变效果

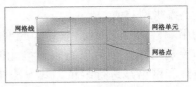

图4-6 网格对象的组成部分

(1) 创建网格对象。

创建网格对象的方法有 2 种，利用 🔳工具创建和利用【对象】/【创建渐变网格】命令创建。下面分别进行讲解。

● 利用 🔳工具。

选择 🔳工具，然后将鼠标指针移动到页面中的任一图形上，当鼠标指针显示为"🔳"形状时，单击即可在该对象上创建一个网格点，同时将该图形创建为网格对象。

> **要点提示** 默认情况下，添加的网格点以前景色作为其填充色。另外，利用 🔳工具在图形中依次单击，可以创建多个网格点。

● 利用【对象】/【创建渐变网格】命令。

首先在页面中选择一个图形或导入的图像，然后执行【对象】/【创建渐变网格】命令，弹出如图 4-7 所示的【创建渐变网格】对话框。在此对话框中设置合适的参数及选项后，单击 确定 按钮，即可将当前选择的对象创建为网格对象，并在此对象内生成创建的网格点及网格单元。图 4-8 所示为把位图图像创建为渐变网格对象后生成的渐变网格颜色混合效果。

图4-7 【创建渐变网格】对话框

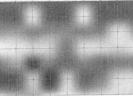

图4-8 创建的渐变网格效果

(2) 编辑网格点。

将对象转换为网格对象之后，便可以对其生成的网格点进行编辑。其编辑操作包括增加网格点、删除网格点、移动网格点和编辑网格点等。

● 增加网格点。

将对象转换为网格对象之后，选择 🔳工具，然后将鼠标指针移动到网格对象上并单击，可以添加一个网格点，同时相应的网格线通过新的网格点延伸至对象的边缘。如将鼠标指针移动到网格线上单击，也可增加一个网格点，同时生成一条与此网格线相交的网格线。在增加网格点时，按住 Shift 键同时单击，可以创建一个无颜色属性的网格点。

● 删除网格点。

按住 Alt 键，再将鼠标指针移动到网格点上，鼠标指针显示为"🔳"形状，此时单击，即可将此网格点及相应的网格线删除。

● 移动网格点。

将鼠标指针移动到创建的网格点上，当鼠标指针显示为"🔳"形状时，按下鼠标左键并拖曳，即可改变网格点的位置。在移动网格点的同时按住 Shift 键，可确保该网格点沿网格线移动。

● 编辑网格点。

利用▦工具选择网格点后，此网格点将如路径上的锚点一样在其两侧显示调节柄，单击并拖曳调节柄，便可以编辑连接此网格点的网格线。利用工具箱中的▯和▯工具也可以对网格点和网格线进行编辑，其方法与编辑路径的方法相同。

（3）为网格对象填色。

将图形转换为网格对象后，最重要的一个环节就是为其填充颜色，从而获得最终的渐变效果。在为网格对象填色时，可以分别为网格点或网格单元进行填色。其方法为：首先利用工具箱中的网格工具或直接选择工具在网格对象中选择一个网格点或网格单元，然后在【颜色】面板或【色板】面板中单击所需的颜色，即可为网格点或网格单元进行填色。

四、【吸管】工具

利用【吸管】工具▱可以把画面中矢量图形或位图图像的颜色吸取为工具箱中的填色，这样可以有效节省在【颜色】面板中设置颜色的时间。利用▱工具不但可以快速地吸取颜色，该工具最出色的地方是可以实现复制功能。利用该工具可以方便地将一个对象的属性按照另外一个对象的属性进行更新，其操作为：首先在页面中选择需要更新属性的对象，然后选择▱工具，将鼠标指针移动到页面中要复制属性的对象上单击，则选择的对象会按此对象的属性自动更新。例如，在页面中选择一个内部填充为蓝色，轮廓色为黑色的圆形，然后用▱工具单击一个内部填充为枫叶图案、轮廓色为红色的矩形，单击后，处于选择状态的圆形将填充为枫叶图案、轮廓色也将变为红色，如图 4-9 所示。

图4-9 利用【吸管】工具更新对象属性示意图

利用▱工具除了可以更新图形对象的属性以外，还可以将选择的文本对象按照其他文本对象的属性进行更新。其操作与更新图形属性的方法相同，如图 4-10 所示。

图案设计 艺术文字 图案设计 艺术文字

图4-10 利用【吸管】工具更新文本属性示意图

双击▱工具，弹出如图 4-11 所示的【吸管选项】面板，在此面板中可以对吸管工具的应用属性进行设置。如果不想使吸管工具具备某项控制功能，只须在该选项面板中取消其选择状态即可；再次单击该选项将其选择，即可重新对操作对象的该属性进行控制。

五、【实时上色】工具

利用【实时上色】工具▱，可以使用当前填充和描边属性为实时上色组中的图形和轮廓边缘上色。当鼠标指针指向需要进行实时上色的图形时，指针显示为一种或 3 种颜色方块▱，该 3 种颜色方块表示选定填充

图4-11 【吸管选项】面板

或描边的颜色；如果使用【色板】面板中的颜色，该颜色方块表示所选颜色与两种相邻的颜色。通过按向左或向右的方向键，可以切换用相邻的颜色来进行填充。

如果对图形进行实时上色，可以执行以下操作。

(1) 选择【实时上色】工具。

(2) 指定所需的填充颜色或轮廓描边颜色和轮廓宽度。

(3) 在图形上单击以对其进行填充。当指针位于图形上时，它将变为半填充的油漆桶形状
 ，并且突出显示图形填充内侧周围的线条。

(4) 当拖动鼠标指针经过多个图形时，可以一次为多个图形添色。

(5) 在一个图形上双击，可以把未描边的相临近的图形一起填色。

(6) 在图形连续单击 3 次，可以对当前所有填充相同颜色的图形进行实时上色。

如果要对图形轮廓边缘进行描边上色，双击 工具，在弹出的如图 4-12 所示的【实时上色工具选项】对话框中勾选【描边上色】复选项，或者按 Shift 以暂时切换到【描边上色】复选项，然后执行以下操作。

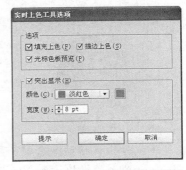

图4-12 【实时上色工具选项】对话框

(1) 将鼠标指针移动到图形的轮廓边缘上，鼠标指针将显示为画笔形状 并突出显示该边缘，单击即可给图形轮廓上色。

(2) 拖动鼠标指针经过多条图形边缘，可一次为多条边缘进行描边。

(3) 在一个图形的轮廓边缘双击，可对所有与其相连的边缘进行描边。

(4) 在图形轮廓边缘连续单击 3 次，可对所有边缘应用相同的描边。

六、 【实时上色选择】工具

【实时上色选择】工具 与 工具的使用方法相同。利用该工具可以选择能够进行实时上色的图形或描边轮廓，当选择图形或描边轮廓后，图形轮廓将以阴影的形式来呈现选择的内容。

4.1.2 范例解析——创建渐变色

在实际工作过程中，【色板】面板中的几种渐变类型远远不能满足设计需要，因此，就需要用户自己创建渐变色。本节来讲解创建渐变色的方法。

1. 启动 Illustrator CS6 软件，执行【文件】/【新建】命令，按照默认的选项和参数建立一个新文件。

2. 选择 工具，按住 Shift 键绘制一个如图 4-13 所示的圆形。

3. 打开【色板】面板，单击如图 4-14 所示的渐变颜色，给图形填充白色到黑色的渐变颜色，如图 4-15 所示。

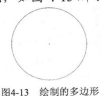

图4-13 绘制的多边形

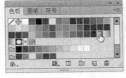

图4-14 单击渐变颜色

图4-15 填充的渐变颜色

4. 打开【渐变】面板，将鼠标指针移动到【渐变】面板颜色条下方需要更改颜色的渐变滑块上单击，将此渐变滑块设置为当前状态，如图 4-16 所示。

5. 打开【颜色】面板，设置需要的渐变颜色，如图 4-17 所示。此时【渐变】面板中被选择的渐变滑块的颜色即显示新设置的颜色，如图 4-18 所示。

　　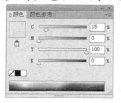　　

图4-16　选择渐变滑块　　　　　　　图4-17　设置颜色　　　　　　　　图4-18　设置的滑块颜色

6. 当给渐变滑块设置了颜色后，被选择的图形会即时显示新设置的渐变颜色，如图 4-19 所示。

7. 在【渐变】面板中选择右边的滑块，然后在【颜色】面板中设置颜色，如图 4-20 所示，图形填充的渐变颜色如图 4-21 所示。

　　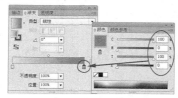　　

图4-19　填充的渐变颜色　　　　　　图4-20　设置渐变颜色　　　　　　图4-21　填充的渐变颜色

8. 将鼠标指针移动到【渐变】面板的渐变颜色条下方如图 4-22 所示的位置单击，可以添加一个渐变滑块，如图 4-23 所示。

9. 把【位置】参数设置为 50%，渐变颜色滑块便移动到了渐变颜色条的中间位置，如图 4-24 所示。

　　　　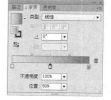

图4-22　单击位置　　　　　　　　图4-23　添加的渐变滑块　　　　　　图4-24　移动渐变滑块位置

10. 将新添加的渐变颜色滑块颜色设置成白色，如图 4-25 所示。

11. 分别在 25%位置和 75%位置再各添加一个渐变颜色滑块，并设置颜色为绿色和黄色，如图 4-26 所示。

　　　　　　　　　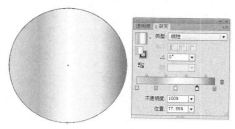

图4-25　设置的滑块颜色　　　　　　　　　图4-26　新添加的滑块及颜色

12. 在【角度】选项右侧输入一个渐变颜色的角度值，此时图形填充的渐变颜色角度发生了变化，如图 4-27 所示。

13. 在【类型】选项右侧的下拉菜单选项中选择【径向】，此时图形填充的渐变颜色变成如图 4-28 所示径向填充。

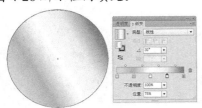
图4-27 设置填充角度

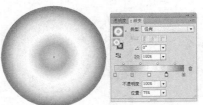
图4-28 径向填充

14. 在【长宽比】选项右侧设置参数为 30%，此时图形填充的径向渐变颜色变成如图 4-29 所示的比例。

15. 按快捷组合键 Ctrl+Z，恢复长宽比为 100%，然后单击【反向渐变】按钮，渐变颜色变成反向填充，如图 4-30 所示。

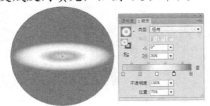
图4-29 设置长宽比

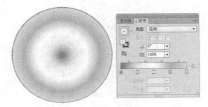
图4-30 反向填充

16. 如想要删除添加的渐变滑块，可在滑块上按住鼠标左键并拖动到面板下方，使其脱离颜色条，即可删除渐变颜色滑块。

17. 按快捷组合键 Ctrl+S 键，将文件命名为 "创建渐变色.ai" 并保存。

另外，颜色条上方的渐变滑块可以调整渐变的中心点，此点所代表的颜色是由距离此点最近的左侧及右侧的渐变滑块所代表颜色的 50% 混合而成的，调整颜色条上方的渐变滑块位置可以改变渐变的过渡程度，取值范围为 13%～87%。

4.1.3 范例解析——改变渐变色方向

本节将练习如何调整图形填充渐变颜色的方向。

1. 接上例。打开【渐变】面板，在【类型】选项右侧的下拉菜单选项中选择【线性】，此时图形填充的渐变颜色变成如图 4-31 所示的线性填充。

2. 选择 工具，此时在图形上出现如图 4-32 所示的渐变控制。

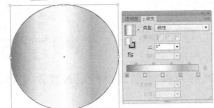
图4-31 改为线性填充

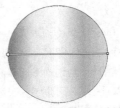
图4-32 出现的渐变控制

3.　当把鼠标指针移动到变换控制位置时，在变换控制上会显示如图 4-33 所示的渐变颜色滑块。

4.　直接拖动渐变颜色滑块，可以调整渐变颜色的位置，如图 4-34 所示。

5.　当把鼠标指针移动到变换控制的右边位置时，鼠标指针将变为如图 4-35 所示的旋转形态。

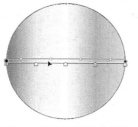 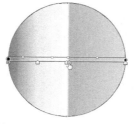 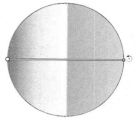

图4-33　显示的渐变颜色滑块　　　　图4-34　调整渐变颜色滑块位置　　　　图4-35　出现的旋转符号

6.　单击并拖动可以调整渐变控制的角度，如图 4-36 所示。释放鼠标左键后图形的渐变颜色角度发生了变化，如图 4-37 所示。

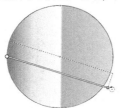 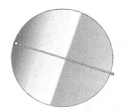

图4-36　旋转状态　　　　　　　　　　图4-37　调整渐变颜色角度后的效果

4.1.4　范例解析——调整渐变色中心点位置

本节将练习如何调整图形渐变颜色中心点的位置。

1.　接上例。在【渐变】面板中的【类型】选项右侧下拉菜单中选择【径向】，此时图形填充的渐变颜色变成如图 4-38 所示径向填充。

2.　当把鼠标指针移动到变换控制位置时，在变换控制上会显示如图 4-39 所示的渐变颜色滑块。

3.　在渐变控制的左端按下鼠标左键并拖曳，如图 4-40 所示。

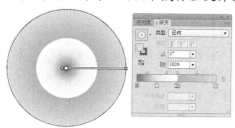 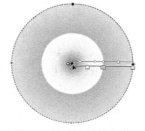 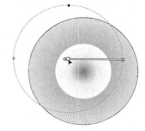

图4-38　设置径向渐变　　　　　　图4-39　显示渐变颜色滑块　　　　图4-40　拖动渐变控制位置

4.　释放鼠标左键后即可改变渐变中心点的位置，如图 4-41 所示。

5.　将鼠标指针放置到如图 4-42 所示的位置，按下鼠标左键并拖曳，通过改变渐变控制的长度可以得到不同渐变区域面积，如图 4-43 所示。

6.　按快捷组合键 Shift+Ctrl+S，将文件命名为"编辑渐变色.ai"并保存。

图4-41 改变渐变中心点位置

图4-42 改变渐变控制的长度

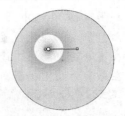
图4-43 改变渐变面积后的效果

4.1.5 范例解析——绘制网页导航条

本节通过绘制如图 4-44 所示的网页导航条，来练习渐变填充工具的使用方法和技巧。

图4-44 绘制完成的网页导航条

1. 启动 Illustrator CS6 软件，创建一个横向新文档。
2. 利用 ▣ 工具绘制一个横向矩形，填充上深灰色（K:70）。
3. 利用 ▣ 工具绘制一个如图 4-45 所示的圆角矩形。
4. 把圆角矩形的描边颜色去除。双击工具箱中的 ▨ 工具，弹出【渐变】面板。
5. 在【渐变】面板中调出如图 4-46 所示的渐变色，颜色设置为灰色，从左到右颜色值分别为（K:60）、（K:85）、（K:90）、（K:100），填充后的图形效果如图 4-47 所示。

图4-45 绘制的图形

图4-46 【渐变】面板

图4-47 填充渐变颜色效果

6. 利用 ▣ 工具绘制一个如图 4-48 所示的圆角矩形。
7. 把圆角矩形的描边颜色去除。在【渐变】面板中调出如图 4-49 所示的渐变色。从左到右颜色值分别为（C:65,Y:100）、（C:90,M:50,Y:100,K:15）、（C:100,M:60,Y:100,K:50）。

图4-48 绘制的图形

图4-49 填充渐变颜色

8. 利用 ⬉ 工具选中圆角矩形，执行【编辑】/【复制】命令，再执行【编辑】/【贴在前面】命令，在原位置复制出一个圆角矩形。

9. 在【渐变】面板中设置参数 △ -90° ，为渐变颜色修改方向，如图 4-50 所示。

10. 在垂直方向上把圆角矩形高度稍微缩短一点，如图 4-51 所示。

图4-50　修改渐变颜色方向　　　　　　　　　图4-51　缩小矩形

11. 利用 ▣ 工具再绘制一个圆角矩形，然后给图形填充从白色到灰色的渐变颜色，如图 4-52 所示。

12. 利用 ▣ 工具在如图 4-53 所示位置绘制矩形。

图4-52　绘制的圆角矩形　　　　　　　　　图4-53　绘制的图形

13. 选择 ⬉ 工具，按住 Shift 键，将两个图形同时选择，如图 4-54 所示。

14. 执行【窗口】/【路径查找器】命令，打开如图 4-55 所示的【路径查找器】面板。

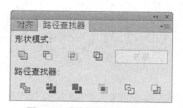

图4-54　选择图形　　　　　　　　　图4-55　【路径查找器】面板

15. 单击面板中的 ▣ 按钮，此时将按照上面的矩形修剪下面的圆角矩形，得到如图 4-56 所示的形状。

16. 执行【窗口】/【透明度】命令，打开【透明度】面板，设置【混合模式】样式及【不透明度】参数，如图 4-57 所示。

图4-56　修剪后的图形　　　　　　　　　图4-57　设置【透明度】后的效果

17. 利用 ◎ 工具绘制如图 4-58 所示的椭圆图形。

18. 把图形的描边去除后双击工具箱中的 ▣ 工具，在【渐变】面板中设置渐变颜色及效果，如图 4-59 所示。从左到右的颜色值分别为（C:55,Y:100）、（C:90,M:85,Y:90,K:80）。

图4-58　绘制的图形

图4-59　设置渐变颜色

19. 打开【透明度】面板，设置【混合模式】样式及效果如图 4-60 所示。

20. 选择 T 工具，在图形上输入如图 4-61 所示的文字。

图4-60　设置混合模式后效果

图4-61　输入的文字

21. 利用 ⁄ 工具绘制黑色线段，在控制栏中设置 描边：1 pt 参数为 "1 pt"，如图 4-62 所示。

22. 再绘制一条白色线段，让两条线段稍微错开一些，产生投影效果，如图 4-63 所示。

23. 选择 ▶ 工具，选中绿色按钮及线段，同时按住 Shift 键和 Alt 键然后向右拖动，移动复制出如图 4-64 所示的图形。

图4-62　绘制的线段

图4-63　绘制的线段

图4-64　移动复制出的图形

24. 按住 Ctrl 键，同时连续按 3 次 D 键，移动复制出如图 4-65 所示的图形。

图4-65　移动复制出的图形

25. 利用【渐变】面板，把第 3 个按钮的渐变颜色设置成蓝色，如图 4-66 所示。

图4-66　修改按钮颜色

26. 利用 T 工具，修改按钮上的文字内容，如图 4-67 所示。

图4-67　修改文字内容

27. 利用 ● 工具绘制椭圆图形，然后填充由黑色到灰色的渐变颜色，如图 4-68 所示。

28. 在渐变颜色图形上再绘制一个白色图形，如图 4-69 所示。

图4-68　绘制的图形

图4-69　绘制的白色图形

29. 利用 ▶ 工具选择圆角矩形，执行【编辑】/【复制】命令，再执行【编辑】/【贴在前面】命令，在原位置复制出一个白色圆角矩形。

30. 选择 ✎ 工具，将鼠标指针移动到如图 4-70 所示位置。单击鼠标左键复制渐变颜色，如图 4-71 所示。

图4-70　鼠标指针位置

图4-71　复制的渐变颜色

31. 利用 ▢ 工具在如图 4-72 所示位置绘制矩形，将矩形和下面的圆角矩形同时选择。

32. 在【路径查找器】面板中单击 ▣ 按钮，修剪得到如图 4-73 所示的图形。

图4-72　绘制的图形

图4-73　修剪得到的图形

33. 利用 ⬭ 工具在如图 4-74 所示的位置绘制椭圆图形。

34. 选择 ✎ 工具，将鼠标指针移动到如图 4-75 所示位置。

图4-74　绘制的图形

图4-75　鼠标指针位置

35. 单击鼠标左键复制渐变颜色，如图 4-76 所示。

36. 利用 ▶ 工具选择如图 4-77 所示图形。

图4-76　复制出的渐变颜色

图4-77　选择图形

37. 执行【编辑】/【复制】命令，再执行【编辑】/【贴在前面】命令，在原位置复制出一个图形。

38. 同时按住 Shift 和 Alt 键，将鼠标指针移动到变换框的右上角并向左下方拖曳，把图形稍微缩小一点，如图 4-78 所示。

39. 选择 ✎ 工具，将鼠标指针移动到如图 4-79 所示位置。

图4-78　缩小后的图形

图4-79　鼠标指针位置

40. 单击鼠标左键复制渐变颜色。然后再利用□工具在如图4-80所示位置绘制矩形。

41. 将矩形和下面的图形同时选择。在【路径查找器】面板中单击□按钮，修剪得到如图4-81所示的图形。

42. 选择○工具，在控制栏中设置参数 描边 1.2 pt，在如图4-82所示位置绘制白色描边的图形。

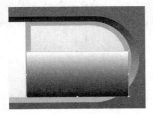
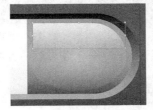

图4-80　绘制的图形　　　　　图4-81　修剪得到的图形　　　　　图4-82　绘制的圆形

43. 利用□工具在如图4-83所示位置绘制白色无描边矩形。

44. 再继续绘制如图4-84所示的白色矩形。

45. 选择▶工具，按住 Shift 键，选择3个白色图形，然后单击控制栏中的【水平居中对齐】按钮▣，把图形对齐，如图4-85所示。

图4-83　绘制的矩形　　　　　图4-84　绘制的矩形　　　　　图4-85　对齐后的图形

46. 执行【对象】/【编组】命令，把图形进行编组。

47. 将鼠标指针移动到变换框的右上角，鼠标指针变成旋转符号，按下鼠标左键并拖曳，把图形旋转到一定角度，如图4-86所示。

48. 利用 T 工具，在白色图形上输入灰色（K:30）的文字，如图4-87所示。

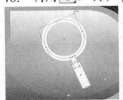

图4-86　旋转角度　　　　　　　　　图4-87　输入的文字

49. 选择▶工具，选择如图4-88所示的长渐变颜色条。

图4-88　选择图形

50. 执行【效果】/【风格化】/【投影】命令，弹出【投影】对话框，参数设置如图4-89所示。

51. 单击 确定 按钮，添加的投影效果如图4-90所示。至此，网页导航条绘制完成。

图4-89　【投影】对话框

图4-90　绘制完成的网页导航条

52. 执行【文件】/【存储为】命令，将文件命名为"网页导航条.ai"并保存。

4.1.6　课堂实训——绘制苹果

本节通过绘制如图 4-91 所示的苹果，练习【网格】工具 的使用方法。

【步骤提示】

1. 启动 Illustrator CS6 软件，新建一个文档。
2. 利用 工具和 工具绘制并调整出苹果图形，颜色为绿色（C:34,M:5,Y:82）。
3. 利用 工具添加如图 4-92 所示的网格。
4. 利用 工具选择网格点并填充不同的颜色，效果如图 4-93 所示。

图4-91　苹果效果

图4-92　添加的网格

图4-93　设置不同的颜色

5. 通过添加网格并填充颜色，制作出如图 4-94 所示的凹陷效果。
6. 利用 工具和 工具以及 工具绘制并调整出如图 4-95 所示的苹果柄。
7. 将绘制并调整好的苹果柄放置到苹果顶部的凹陷内，再绘制矩形并填充上暗绿（C:72,M:45,Y:100）到淡黄（C:12,Y:32）的线性渐变颜色，作为背景。
8. 将绘制好的苹果复制一个并缩小，稍微旋转一下放置到如图 4-96 所示的位置。

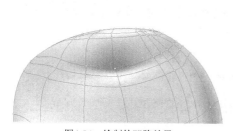

图4-94　绘制的凹陷效果

图4-95　苹果柄

图4-96　复制出的苹果

9. 选择苹果，执行【效果】/【风格化】/【投影】命令，为选择的苹果添加投影效果，【投影】对话框参数设置如图 4-97 所示，添加投影后的苹果效果如图 4-98 所示。

图4-97 【投影】对话框

图4-98 投影效果

10. 执行【文件】/【存储为】命令，将文件命名为"苹果.ai"并保存。

4.2 【混合】工具

使用【混合】工具![icon]可以把两条或多条路径以及两个或多个图形创建为混合效果，使参与混合操作的图形或路径在形状、颜色等方面形成一种光滑的过渡效果。本节将介绍混合图形的制作、编辑以及混合选项的设置等内容。

4.2.1 功能讲解

利用【混合】工具![icon]或【对象】/【混合】/【建立】命令，均可将选择的路径或图形创建为混合效果。

在 Illustrator CS6 软件中，主要有 3 种混合效果：直接混合、沿路径混合和复合混合。直接混合是指在两个图形之间进行混合；沿路径混合是指图形在混后的同时是沿指定的路径混合的；复合混合是指在两个以上图形之间的混合。

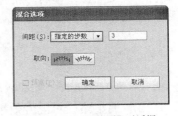

图4-99 【混合选项】对话框

一、 混合选项设置

创建混合效果时，混合步数是影响混合效果的重要因素。执行【对象】/【混合】/【混合选项】命令，或双击工具箱中的![icon]工具，均会弹出如图 4-99 所示的【混合选项】对话框。

- 【间距】选项：该选项用于控制混合图形之间的过渡样式，包括【平滑颜色】、【指定的步数】和【指定的距离】3 个选项。
- 【取向】选项：该选项下的两个按钮可以控制混合图形的方向。激活【对齐页面】按钮![icon]，可以使混合效果中的每一个中间混合对象的方向垂直于页面的 x 轴，其效果如图 4-100 所示。激活【对齐路径】按钮![icon]钮，可以使混合效果中的每一个中间混合路径的方向垂直于路径，其效果如图 4-101 所示。

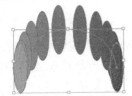

图4-100 混合对象垂直于页面时的效果

图4-101 混合对象垂直于路径时的效果

二、　混合图形的编辑

选择的图形进行混合之后，就会形成一个整体，这个整体是由原混合对象以及对象之间形成的路径组成。除了混合步数之外，混合对象的层次关系以及混合路径的形态也是影响混合效果的重要因素。

(1)　对象的层次关系对混合效果的影响。

在创建混合效果时，所选图形的层次关系在很大程度上决定了混合操作的最终效果。图形的层次关系在绘制图形时就已决定，即先绘制的图形在下层，后绘制的图形在上层。当在不同层次中的图形进行混合操作时，通常是由位于最下层的图形依次向上操作直到最上层。图 4-102 所示分别为圆形在下层、六边形在上层，以及圆形在上层、六边形在下层时所得到的不同混合效果。

图4-102　图形层次对混合效果的影响对比

 在混合过程中，产生混合的顺序实际上就是在页面中绘制图形的顺序，因此在执行混合操作时，如果未得到满意效果，可以尝试使用【对象】/【排列】命令调整图形的层次后再进行混合。

利用【对象】/【混合】/【反向混合轴】命令，可以改变图形的混合轴向，即将最前面的对象和最后面的对象位置调换。图 4-103 所示为原混合效果和执行此命令后的混合效果。

利用【对象】/【混合】/【反向堆叠】命令，可以使混合效果中每个中间过渡图形的堆叠顺序发生变化，即将最前面的对象移动到堆叠顺序的最后面。图 4-104 所示为原混合效果和执行此命令后的混合效果。

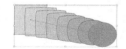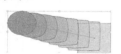　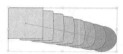

图4-103　原混合效果和执行【反向混合轴】命令后的效果　　　图4-104　原混合效果和执行【反向堆叠】命令后的效果

(2)　调整路径对混合效果的影响。

当用户创建混合图形之后，系统会自动在混合对象之间建立一条直线路径。利用工具箱中的编辑路径工具将路径调整后，会得到更丰富的混合效果。图 4-105 所示为原混合效果和调整路径后的效果。

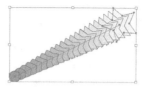

图4-105　原混合效果和调整路径后的效果

(3)　路径锚点对混合效果的影响。

在制作混合效果时，利用 🔲 工具单击混合对象中的不同锚点，可以制作出许多不同的混合效果。在操作对象上选择不同的锚点，可以使混合图形产生从一个对象的选中锚点到另一个对象的选中锚点上旋转的效果。选择的不同锚点及其混合效果如图 4-106 所示。

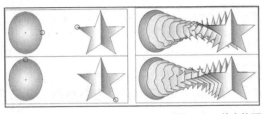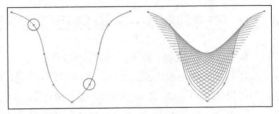

图4-106　单击的不同锚点及所产生的混合效果

(4)　混合图形的解散。

创建混合效果之后，利用任何选择工具都不能选择混合图形中间的过渡图形。如果想对混合图形中的过渡图形进行编辑则需要将混合图形扩展，也就是将混合图形解散，使混合图形转换成一个路径组。

扩展混合图形的方法为：首先在页面中选择需要扩展的混合图形，然后执行【对象】/【混合】/【扩展】命令，即可将混合图形转换成一个路径组，此时利用工具箱中的【编组选择】工具便可选择路径组中的任意路径。

> **要点提示**　当将混合图形扩展为路径组后，执行【对象】/【取消编组】命令，或在此对象上单击鼠标右键，在弹出的快捷菜单中执行【取消编组】命令，可以取消路径的组合状态，路径中的混合图形变成独立的图形。

4.2.2　范例解析——直接混合图形

本节将练习直接混合图形的方法。

1.　在页面中依次绘制出红色和黄色的两个五角星图形，如图 4-107 所示。
2.　选择工具，将鼠标指针移动到黄色的小五角星图形上单击，然后移动指针到大的红色五角星图形上单击，系统即可生成直接混合效果，如图 4-108 所示。
3.　双击工具，弹出【混合选项】对话框，设置选项和参数如图 4-109 所示。

图4-107　绘制的图形

图4-108　混合后的效果

图4-109　【混合选项】对话框

4.　单击　确定　按钮，混合效果如图 4-110 所示，将图形的轮廓线去除，效果如图 4-111 所示。

图4-110　设置步数后的混合效果

图4-111　去除轮廓线后的效果

5.　执行【文件】/【存储为】命令，将文件命名为"五角星.ai"并保存。

4.2.3　范例解析——沿路径混合图形

本节将练习沿路径混合图形的方法。

1. 启动 Illustrator CS6 软件，按照默认参数新建文件。
2. 利用 ☆ 和 ⬤ 工具，依次绘制出如图 4-112 所示的红色六角星图形和黄色多边形。
3. 利用 🔲 工具制作如图 4-113 所示的混合效果。

图4-112　绘制的图形

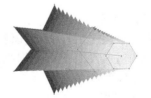

图4-113　制作的混合效果

4. 利用 ✎ 工具和 ⬈ 工具，绘制并调整出如图 4-114 所示的路径。
5. 将混合的图形与路径同时选择，执行【对象】/【混合】/【替换混合轴】命令，混合图形即跟随路径排列，如图 4-115 所示。

图4-114　绘制出的路径

图4-115　生成的沿路径混合图形

6. 执行【对象】/【混合】/【反向混合轴】命令，可将沿路径混合图形中的混合顺序发生翻转，如图 4-116 所示。

图4-116　设置反向混合效果

7. 按 Ctrl+S 组合键，将文件另命名为"路径混合图形.ai"并保存。

最后再来看一下复合混合图形的制作。

8. 利用 ☆ 工具在页面中依次绘制出两个填充为绿色、轮廓为黑色的小八角星图形，并绘制一个填充为黄色、轮廓为黄色的大八角星图形，各自的位置如图 4-117 所示。
9. 选择 🔲 工具，将鼠标指针移动到左边的小八角星图形上单击，然后移动鼠标指针至黄色的大八角星图形上单击，再移动鼠标指针至右边的小八角星图形上单击，即可生成复合混合图形，如图 4-118 所示。

图4-117　绘制的五角星图形

图4-118　生成的复合混合图形

4.2.4 范例解析——混合轮廓线和开放路径

除了上述几种混合效果外，利用 工具还可以对图形的轮廓线和开放路径进行混合，具体操作如下。

1. 利用 ☆工具，绘制一个五角星图形，如图 4-119 所示。
2. 双击 🔲工具，弹出【比例缩放】对话框，参数设置如图 4-120 所示。
3. 单击 复制(C) 按钮，缩小复制图形。再按 Ctrl+D 组合键，重复缩小复制操作，缩小复制出如图 4-121 所示的图形。

图4-119 绘制的图形

图4-120 【比例缩放】对话框

图4-121 缩小复制出的图形

4. 将这 3 个五角星同时选择，在控制栏中设置 描边 0.5 pt 参数。
5. 将外侧和内侧的五角星轮廓颜色设置为蓝色，将中间的五角星轮廓颜色设置为白色，如图 4-122 所示。
6. 将这 3 个五角星同时选取，执行【对象】/【混合】/【建立】命令，生成如图 4-123 所示的轮廓混合效果。
7. 双击 🔲工具，弹出【混合选项】对话框，设置选项和参数如图 4-124 所示。

图4-122 设置轮廓色

图4-123 轮廓混合效果

图4-124 【混合选项】对话框

8. 单击 确定 按钮，混合效果如图 4-125 所示。
9. 按 Ctrl+S 组合键，将文件命名为"轮廓混合.ai"并保存。
   下面再来看一下开放路径的混合操作。
10. 选择 ✐工具，绘制出如图 4-126 所示的路径，填充色为无色，轮廓色为绿色。

图4-125 混合后的效果

图4-126 绘制的路径

81

11. 执行【对象】/【变换】/【对称】命令，在弹出的【径向】对话框中选择【垂直】选项，然后单击 复制(C) 按钮。

12. 将复制出的路径调整至如图 4-127 所示的状态。

13. 选择 工具，然后依次单击两条路径，得到的混合效果如图 4-128 所示。

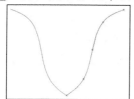

图4-127　复制路径调整后的状态

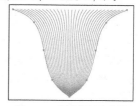

图4-128　生成的混合效果

> **要点提示** 创建混合图形后，执行【对象】/【混合】/【释放】命令，可将当前的混合图形释放，还原图形没混合之前的状态。

4.2.5　课堂实训——绘制闪闪的红星

本节主要利用【混合】工具 和图形的旋转复制操作，制作如图 4-129 所示的闪闪的红星。

图4-129　闪闪的红星效果

【步骤提示】

1. 利用 工具绘制一个正方形，然后利用 工具填充渐变颜色。在【渐变】面板中从左到右颜色值分别为白色、黄色（C:5,Y:100）、褐色（C:60,M:80,Y:60,K:20），效果如图 4-130 所示。

2. 选择矩形，然后执行【对象】/【锁定】/【所选对象】命令，将矩形锁定。

> **要点提示** 接下来进行的操作都是在矩形上进行的，为了操作时背景不被移动，在此首先将矩形进行锁定。

3. 选择 工具，设置【描边粗细】为 "2pt"，按住 Shift 键，在矩形中绘制一条线段，如图 4-131 所示。

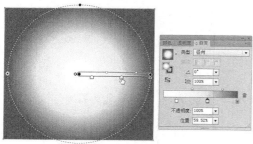

图4-130　添加渐变色后的矩形

图4-131　绘制出的线段

4. 双击 工具，弹出【旋转】对话框，设置参数如图 4-132 所示。

5. 单击 复制(C) 按钮，旋转复制出一条线段，如图 4-133 所示。

6. 按住 Ctrl 键，连续按 D 键重复旋转复制操作，依次复制出如图 4-134 所示的线段。

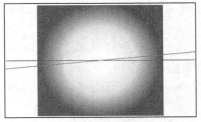

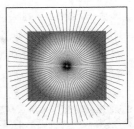

图4-132　【旋转】对话框　　　　图4-133　旋转复制出的线段　　　　图4-134　旋转复制出的线段

7. 执行【选择】/【全部】命令，将线段全部选取。

> **要点提示** 使用菜单栏中的【选择】/【全部】命令，可以将页面中除被锁定的图形以外的其他所有图形全部选取，此处矩形已被锁定，所以只将画面中所有的线形选取。

8. 执行【对象】/【编组】命令，将线段编组。
9. 执行【对象】/【全部解锁】命令，将带有渐变颜色的正方形解锁，然后将其选择。
10. 执行【编辑】/【复制】命令，然后执行【编辑】/【就地粘贴】命令，粘贴的图形如图 4-135 所示。
11. 利用 ▶ 工具，按住 Shift 键将线段和矩形一起选择。
12. 执行【对象】/【剪切蒙版】/【建立】命令，建立剪切蒙版，效果如图 4-136 所示。
13. 执行【窗口】/【透明度】命令，打开【透明度】面板，设置【混合模式】为"叠加"，效果如图 4-137 所示。

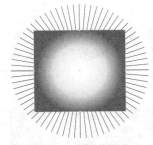
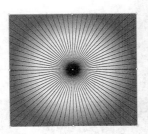
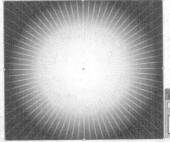

图4-135　粘贴的图形　　　　图4-136　建立剪切蒙版效果　　　　图4-137　设置混合模式效果

14. 利用 ☆ 工具绘制一个五角星图形，填充色设置为红色（M:100,Y:100），描边色设置为无色，如图 4-138 所示。
15. 选择五角星，双击 工具，弹出【比例缩放】对话框，参数设置如图 4-139 所示。
16. 单击 复制(C) 按钮，将五角星等比例缩小复制，然后将复制出的五角星填充黄色（Y:30），如图 4-140 所示。

图4-138　绘制的红色五角星　　　图4-139　【比例缩放】对话框　　　图4-140　复制出的五角星

17. 单击[图]按钮，在黄色的五角星上单击，然后在红色的五角星上单击，将图形进行混合处理，效果如图 4-141 所示。
18. 利用[图]工具选择混合后的图形，执行【效果】/【风格化】/【投影】命令，弹出【投影】对话框，选项及参数设置如图 4-142 所示。
19. 单击 确定 按钮，为混合后的星形添加投影，效果如图 4-143 所示。

图4-141 混合效果

图4-142 【投影】对话框

图4-143 投影效果

20. 按 Ctrl+S 组合键，将文件命名为"闪闪的红星.ai"并保存。

4.3 综合案例——设计音乐会海报

综合运用本章所学习的工具设计如图 4-144 所示的音乐会海报。

设计音乐会海报

1. 启动 Illustrator CS6 软件，新建一个文档。
2. 利用[图]工具绘制一个矩形，然后利用[图]工具填充渐变颜色。在【渐变】面板中从左到右颜色值分别为黄色（Y:100）、紫色（C:70,M:80）、蓝色（C:100,M:80），效果如图 4-145 所示。
3. 利用[图]工具绘制 3 个小的黄色图形，如图 4-146 所示。

图4-144 音乐会海报

图4-145 绘制的图形

图4-146 绘制的小黄色图形

4. 选择[图]工具，先在最上面的小圆形上单击，再单击中间的圆形，最后再单击下面的小圆形，将这 3 个小圆形进行混合，得到如图 4-147 所示的混合效果。
5. 利用[图]工具选择混合后的圆形，按住 Alt 键向右移动复制，然后 Ctrl+D 组合键，移动复制出如图 4-148 所示的圆形。

6. 将小圆形全部选择，然后按 Ctrl+G 组合键进行组合。
7. 利用 T 工具输入如图 4-149 所示的文字。

图4-147 混合圆形

图4-148 移动复制出的圆形

图4-149 输入的文字

8. 执行【文字】/【创建轮廓】命令，将文字转换成轮廓字，然后将文字填充为红色（C:25,M:100,Y:100），如图 4-150 所示。
9. 执行【编辑】/【复制】命令，然后执行【编辑】/【粘贴】命令，将文字复制一份以备后用。
10. 执行【对象】/【路径】/【偏移路径】命令，弹出【偏移路径】对话框，设置参数如图 4-151 所示。
11. 单击 确定 按钮，偏移路径后的文字如图 4-152 所示。

图4-150 填充红色

图4-151 【偏移路径】对话框

图4-152 偏移路径后的文字

12. 按住 Alt 键向上移动复制文字，然后将复制出的文字颜色设置为深红色（C:25,M:100,Y:100,K:80），如图 4-153 所示。
13. 执行【编辑】/【复制】命令，先将文字复制，以备后用。
14. 选择 工具，将两个不同颜色的文字进行混合，混合效果如图 4-154 所示。
15. 执行【编辑】/【贴在前面】命令，将刚才复制的文字贴在深红色文字的前面，然后再将颜色设置为红色（M:100,Y:100,K:20），如图 4-155 所示。

图4-153 复制出的文字

图4-154 混合效果

图4-155 复制出的文字

16. 利用 ![]工具点选混合后的文字，然后执行【效果】/【风格化】/【投影】命令，弹出【投影】对话框，各项参数设置如图4-156所示，单击 确定 按钮。

17. 将操作步骤 9 复制的备用文字移动到混合后的文字最上面，把颜色填充为橘黄色（M:60,Y:100,K:20），如图4-157所示。

18. 按住 Alt 键再向上移动复制文字，然后将复制出的文字颜色设置为褐色（M:60,Y:100,K:50），如图4-158所示。

图4-156 【投影】对话框

图4-157 文字重叠位置

图4-158 复制出的文字

19. 执行【编辑】/【复制】命令，将文字复制，以备后用。

20. 选择 ![]工具，将两个不同颜色的文字进行混合。

21. 执行【编辑】/【贴在前面】命令，将刚才复制的文字贴在褐色文字的前面。

22. 利用 ![]工具填充渐变颜色。在【渐变】面板中从左到右颜色值分别为黄色（Y:100）、黄色（M:20,Y:100）、红色（M:100,Y:100），效果如图4-159所示。

23. 执行【效果】/【风格化】/【内发光】命令，弹出【内发光】对话框，参数设置如图4-160所示，单击 确定 按钮，效果如图4-161所示。

图4-159 填充渐变颜色

图4-160 【内发光】对话框

图4-161 内发光效果

24. 利用 ![]工具点选混合后的文字，如图4-162所示。

25. 执行【效果】/【风格化】/【投影】命令，弹出【投影】对话框，各项参数设置如图4-163所示，单击 确定 按钮，文字投影效果如图4-164所示。

图4-162 选择文字

图4-163 【投影】对话框

图4-164 投影效果

26. 使用上面步骤讲解的制作方法，读者可以自己动手练习制作出如图 4-165 所示的立体字。

图4-165　制作的立体字

27. 利用 T 工具输入如图 4-166 所示的文字。

28. 选择 ☆ 工具，在页面中单击弹出【星形】对话框，参数设置如图 4-167 所示，单击 确定 按钮。

我是大明星歌咏赛

图4-166　输入的文字

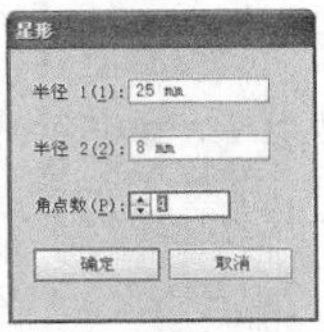

图4-167　【星形】对话框

29. 在文字的两边绘制如图 4-168 所示的星形图形。

✦✦✦ 我是大明星歌咏赛 ✦✦✦

图4-168　绘制的图形

30. 利用 ▶ 工具，将图形和文字同时选择。

31. 执行【对象】/【扩展】命令，弹出【扩展】对话框，选项设置如图 4-169 所示。单击 确定 按钮。

32. 使用与上面步骤讲解的制作方法，读者自己再动手制作出如图 4-170 所示的立体字。

图4-169　【扩展】对话框

图4-170　制作的立体字

33. 利用 ▶ 工具，将渐变颜色背景、混合的黄色小圆形以及制作完成的立体字进行大小以及角度的调整，调整后的效果如图 4-171 所示。

34. 执行【文件】/【打开】命令，将"图库\第 04 章"目录下名为"音乐符号.ai"文件打开，如图 4-172 所示。

35. 将素材中的麦克风和喇叭图形复制到海报画面中，调整大小以及前后位置，把素材放置到如图 4-173 所示位置。

图4-171 调整后的画面

图4-172 打开的素材

图4-173 放入的素材

36. 利用 ☆ 工具绘制一个五角星图形，然后采用与制作立体字相同的操作方法，为五角星制作出立体效果，如图 4-174 所示。

37. 将立体五角星移动放置到画面中，复制一个并调整一下方向，然后放置到如图 4-175 所示位置。

38. 利用 ◎ 工具在画面中绘制横竖两个白色的椭圆图形，如图 4-176 所示。

图4-174 立体五角星

图4-175 五角星在画面位置

图4-176 绘制的图形

39. 选择白色椭圆图形，然后执行【效果】/【模糊】/【高斯模糊】命令，弹出【高斯模糊】对话框，设置参数如图 4-177 所示，单击 确定 按钮。

40. 利用 ◎ 工具绘制再绘制一个白色圆形，如图 4-178 所示。

41. 执行【效果】/【模糊】/【高斯模糊】命令，弹出【高斯模糊】对话框，设置参数如图 4-179 所示。

图4-177 【高斯模糊】对话框

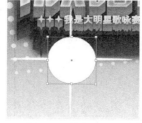

图4-178 绘制的圆形

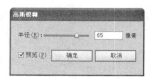

图4-179 【高斯模糊】对话框

42. 单击 确定 按钮，模糊后的圆形如图 4-180 所示。

43. 将圆形和下面的十字图形同时选择，然后按 Ctrl+G 组合键，将其组合。

44. 按住 Alt 键，将组合后的图形复制几个并调整不同的大小使其分布到立体字上面，如图 4-181 所示。

45. 将素材中的音乐符号复制到画面中，调整大小后放置到如图 4-182 所示位置。

图4-180　模糊后的效果　　　　图4-181　复制出的图形　　　　图4-182　放入的音乐符号

46. 选择红色的音乐符号，打开【透明度】对话框，设置混合模式如图 4-183 所示，效果如图 4-184 所示。

47. 复制素材中的音乐符号，粘贴到画面中并在【透明度】对话框设置【混合模式】为"叠加"，在画面中多复制上几个，注意大小和位置的分布，效果如图 4-185 所示。

图4-183　【透明度】对话框　　　图4-184　设置混合模式效果　　　图4-185　放入的音乐符号

48. 利用 ◎ 工具绘制几个圆形，同样设置"叠加"混合模式，效果如图 4-186 所示。

49. 在画面下面输入如图 4-187 所示文字，然后执行【文字】/【创建轮廓】命令，将文字转换成轮廓字。

图4-186　绘制的圆形　　　　　　图4-187　设计完成的音乐海报

50. 先将文字填充成红色（M:100,Y:100），然后执行【对象】/【路径】/【偏移路径】命令，设置参数如图 4-188 所示。

51. 单击 ▭确定 按钮，偏移路径后的文字如图 4-189 所示。

图4-188　【偏移路径】对话框

图4-189　偏移路径后的文字

52. 紧跟上步操作，在【色板】面板中单击如图 4-190 所示的白色块，给文字的轮廓填充白色。

53. 执行【效果】/【风格化】/【投影】命令，给文字添加上投影效果，如图 4-191 所示。

图4-190　填充白色

图4-191　投影效果

54. 在画面的下边位置输入如图 4-192 所示的文字内容。

开始喜欢上了流行音乐，开始关注所谓的"超级女生"，开始拥有了自己的偶像。很喜欢听Angela的歌曲，也很喜欢唱她的歌，《隐形的翅膀》是我不变的最爱。远离紧张的学习生活，坐在电子琴边，调成钢琴的音色，音起，歌也跟随而至："每一次都在徘徊孤单中坚强，每一次就算很受伤也不闪泪光……"是啊！人人都有一双隐形的翅膀，让我们勇敢，将强，翅膀承载着我们的梦想，用努力化作动力，飞向最高点。

组织：民间音乐协会
时间：2013年8月1日至3日
地点：国际大剧院

图4-192　输入的文字内容

55. 至此，音乐海报设计完成，如图 4-193 所示。按 Ctrl+S 组合键，将文件命名为"音乐海报.ai"并保存。

图4-193　音乐会海报

4.4　课后作业

1. 根据本章所学的内容，制作出如图 4-194 所示的艺术字。

【步骤提示】

(1) 利用▦工具绘制一个矩形，并填充深蓝色（C:95,M:100,Y:28）、浅蓝色（C:60,M:22）和淡蓝色（C:52）的径向渐变颜色，效果如图 4-195 所示。

(2) 利用Ｔ工具输入如图 4-196 所示的红色（M:100,Y:100）文字，【描边】设置为"1pt"，描边颜色为深蓝色（C:100,M:99,Y:54）。

图4-194　制作的艺术字

图4-195　绘制的渐变颜色图形

图4-196　输入文字

(3) 选中文字，然后选择【文字】/【创建轮廓】命令，将文字转化为轮廓文字。

(4) 利用▱工具制作出如图 4-197 所示的文字倾斜效果。

(5) 通过复制得到如图 4-198 所示的文字。

图4-197　倾斜效果文字

图4-198　复制的文字

(6) 选中下面一组文字，在选项栏中设置【不透明度】参数为"0%"，效果如图 4-199 所示。

(7) 利用▨工具将红色文字和下面的透明文字进行混合，在【混合选项】的对话框中，将【指定的步数】设置为"100"，效果如图 4-200 所示。

(8) 最后利用Ｔ工具在画面中输入如图 4-201 所示的文字，文字颜色设置为深蓝色（C:100,M:100,Y:25,K:25），【描边】设置为"1"，描边颜色为白色。

图4-199　透明效果

图4-200　混合效果

图4-201　最终效果

(9) 执行【文件】/【存储为】命令，将文件命名为"艺术字.ai"并保存。

2. 根据本章所学的内容，绘制如图 4-202 所示的卡通图形。

【步骤提示】

(1) 利用✐工具和⬚工具，绘制并调整出如图 4-203 所示的路径。

(2) 选择工具，选择如图 4-204 所示的画笔，将绘制好的路径设置为选中的画笔。

图4-202 绘制的卡通图形

图4-203 绘制的路径

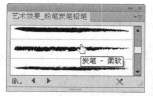

图4-204 选择画笔样式

(3) 利用工具和工具依次绘制出如图 4-205 所示的图形。

(4) 选中小狗的头部轮廓线，执行【编辑】/【复制】命令，将轮廓线复制到剪切板上。

(5) 为小狗的头部填充褐色（C:26,M:58,Y:58），选择工具为小狗头部添加上网格，如图 4-206 所示。

图4-205 绘制的结构图形

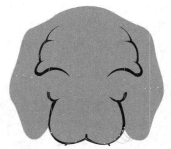

图4-206 添加的网格

(6) 利用工具，依次选择网格点，然后为网格点填充颜色，将填充色依次设置为黄色（C:16,M:48,Y:86）、棕色（C:40,M:70,Y:100,K:5）、咖啡色（C:49,M:72,Y:100,K:20），效果如图 4-207 所示。

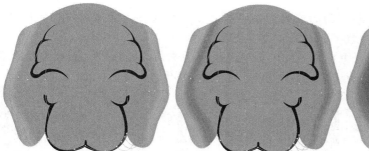

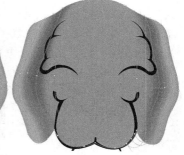

图4-207 给网格设置的颜色

(7) 用同样的调整方法，继续添加网格，并给网格点设置颜色，调整出"小狗头"效果，如图 4-208 所示。

(8) 执行【编辑】/【贴在前面】命令，将前面复制的"小狗头"的轮廓线粘贴出来，效果如图 4-209 所示。

(9) 利用工具绘制并调整出小狗的"眼睛"和"嘴巴"图形，颜色填充分别为蓝色（C:64,M:35,Y:10）和灰色（K:30），效果如图 4-210 所示。

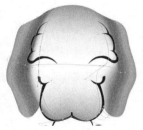

图4-208 调整的效果

图4-209 粘贴出的轮廓线

图4-210 绘制的眼睛

(10) 利用☑和☑工具，绘制并调整出如图 4-211 所示的"小狗身子"图形，填充颜色为灰色（K:30）。

(11) 至此，卡通小狗绘制完毕，整体效果如图 4-212 所示。

图4-211 绘制的图形

图4-212 绘制完成的效果

(12) 执行【文件】/【存储为】命令，将文件命名为"卡通狗.ai"并保存。

第5章　文字工具

Illustrator CS6 软件对文字的处理功能是其他绘图软件无法比拟的。它不但能够有效地控制文本的属性，如字体、字号、字间距、行间距及文字的对齐等，还提供了各种弯曲的文字变形效果，并且可以将文字沿着任意的路径输入，或将文字输入任意形状的闭合路径中。该软件还可以将文本转化为轮廓图形来进行编辑处理。

【学习目标】

- 掌握【文字】工具 T、【区域文字】工具 T、【路径文字】工具 、【直排文字】工具 IT、【直排区域文字】工具 以及【直排路径文字】工具 等 6 种文字工具的使用方法。
- 学会沿路径输入与编排文字的操作。
- 掌握文字的编辑、排列等的操作。
- 熟练应用各种文字控制面板的设置。

5.1　文字工具概述

在工具箱中为用户提供了【文字】工具 T、【区域文字】工具 T、【路径文字】工具 、【直排文字】工具 IT、【直排区域文字】工具 以及【直排路径文字】工具 等 6 种文字输入工具，其中前 3 种工具用于处理横排文字，后 3 种工具用于处理竖排文字。

5.1.1　功能讲解

下面介绍文字工具的功能。

一、　文字工具

在 Illustrator 工具箱中选择【文字】工具 T 或【垂直文字】工具 IT，然后在页面中单击鼠标左键插入一个输入点，该输入点将在页面中闪动，此时就可以输入文字了。如果有大量的文字输入，需要首先确定文字的范围，方法是：选择【文字】工具 T 或【垂直文字】工具 IT，然后在页面中按住鼠标左键并拖曳，此时将出现一个矩形框，拖曳矩形框到适当大小后释放鼠标左键，形成矩形的范围框，左上角有光标在闪动，此时即可输入文字。在文字的输入过程中，当输入的文字到达范围框的边框位置时会自动换行。

二、　区域文字

利用【区域文字】工具 T 和【直排区域文字】工具 可以在路径内部输入水平或垂直的文字。在使用这两个工具输入文字时，当前页面中必须有一个处于选择状态的路径，此路径可以是开放的，也可以是闭合的。

选择【区域文字】工具▣，在路径的边线上单击，此时路径图形中将出现闪动的光标，而且带有填充色的路径将变为无色，此时即可输入文字，输入的文字将会按照路径的形状来自动排列。图 5-1 所示为路径与输入到路径区域中的文字效果。

图5-1　路径与输入到路径区域中的文字效果

 在文字的最后都有一个小的红色矩形符号，当出现此符号时，表示输入的文字没有在路径中完全显示出来，有一部分文字被隐藏了。

三、 路径文字

利用【路径文字】工具▨和【直排路径文字】工具▨可以在页面中沿路径输入文字。这两种工具在使用时与【区域文字】工具相似，必须在页面中先选择一个路径，然后才可以输入文字。

选择【路径文字】工具▨，在曲线路径的边缘处单击，将出现闪动的光标，此时进行文字的输入，所输入的文字将会按照路径分布，并且输入文字后路径将变为无色，如图 5-2 所示。

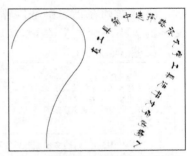

图5-2　路径与输入的沿路径排列文字

 如果在输入文字后想改变文字的横排或竖排方式，可以利用【文字】/【文字方向】菜单命令来实现。

5.1.2　范例解析——输入文字练习

利用 T 和 IT 工具可以进行常规文字的输入，具体操作如下。

1. 在工具箱中选择 T 工具（或 IT 工具），然后将鼠标指针移动到页面中，此时鼠标指针将显示为"I"或"田"形状。
2. 在页面中单击鼠标左键，此时会出现闪烁的文字插入光标。
3. 选择自己熟悉的输入法，即可开始输入文字。

 在输入文字时，按 Ctrl+Shift 组合键，可以在各种输入法之间切换。当选择英文输入法时，按 Caps Lock 键或按住 Shift 键，可以输入大写的英文字母；当选择除英文输入法外的输入法时，按 Ctrl+空格键，可以在当前输入法与英文输入法之间进行切换。

4. 输入完毕后，选择 ▶ 工具即可确认文字输入并退出文字输入状态。

5.1.3　范例解析——在指定的范围内输入文字

在输入文字之前可以先确定文字的范围，然后再进行输入，具体操作介绍如下。

1.　在工具箱中选择 T 工具（或 IT 工具）。
2.　在页面中按住鼠标左键并拖曳绘制出一个区域文本框，此时文本框内的左上角（或右上角）会出现闪烁的文字插入光标。
3.　选择自己熟悉的输入法，即可开始输入文字。输入完毕后，单击工具箱中的 ↖ 工具完成文字的输入。在指定范围内绘制文本框及输入文字过程示意图如图 5-3 所示。

图5-3　在指定范围内输入文字示意图

在实际的工作过程中一定要严格区分在指定范围内输入的文本与直接输入的文本。

(1)　直接输入文字第一行的左下角有一个实点，在指定范围内输入的文本没有。

(2)　拖动在指定范围内输入文本生成的文本框的边界时，系统只改变文本框的大小，文字的大小不会发生改变，如图 5-4 所示。而拖动直接输入的文字时，文字的大小会被改变，如图 5-5 所示。

图5-4　拖动文本框前后的形态　　　　　　图5-5　拖动直接输入文字前后的形态

(3)　旋转在指定范围内输入文本生成的文本块时，系统将只改变文本框的形态，文字的方向不会被改变，如图 5-6 所示。而旋转直接输入的文字时，文字的方向会发生变化，如图 5-7 所示。

图5-6　旋转文本框后的形态　　　　　　　图5-7　旋转直接输入文字前后的形态

5.1.4　范例解析——区域文字输入练习

利用 T 或 IT 工具可以在路径内部输入水平或垂直的文字。在使用这两个工具输入文字时，当前页面中必须有一个处于选择状态的路径，此路径可以是开放的，也可以是闭合的。下面以实例的形式来讲解这两个工具的使用方法。

1.　启动 Illustrator CS6 软件，按照默认的参数新建文件。
2.　执行【文件】/【置入】命令，将"图库\第 05 章"目录下名为"七夕.jpg"文件置入，如图 5-8 所示。
3.　选择 T 工具，在画面中输入如图 5-9 所示的文字。

图5-8　置入的图片

图5-9　输入的文字

4. 选择工具，在画面中绘制一个椭圆形，如图 5-10 所示。
5. 选择【区域文字】工具，在椭圆形的左上位置单击鼠标左键，出现闪动的文字插入光标，如图 5-11 所示。

图5-10　绘制的椭圆

图5-11　出现的文字插入光标

6. 此时，便可以输入文字了。输入的文字会按照路径的形状填充至椭圆形路径中，如图 5-12 所示。
7. 选择工具，选取文字块，如图 5-13 所示。

图5-12　输入横排文字后的效果

图5-13　选取文字块

8. 执行【窗口】/【文字】/【字符】命令（快捷键为 Ctrl+T），打开【字符】面板，设置【字体大小】和【行距大小】参数如图 5-14 所示，文字效果如图 5-15 所示。

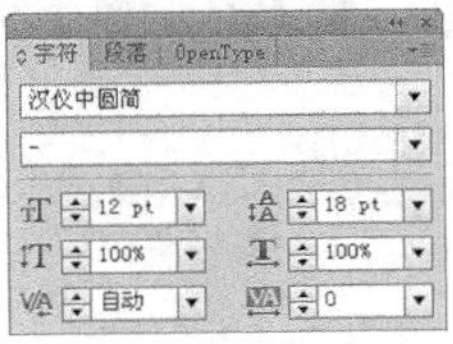

图5-14　【字符】面板

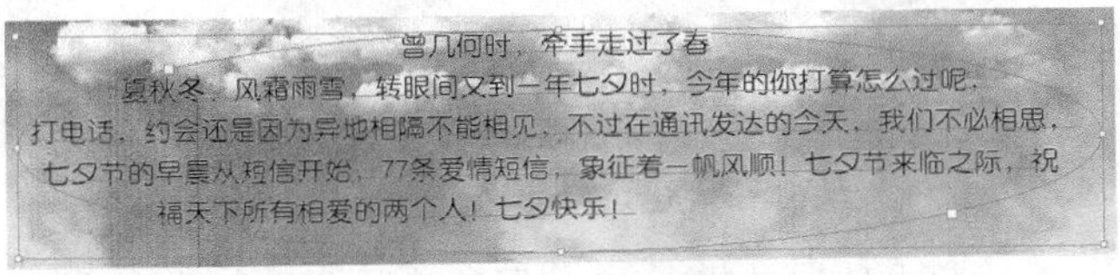

图5-15　设置文字后效果

9. 同样，如果绘制路径后，利用工具在路径中输入竖排文字，所得到的文字效果如图 5-16 所示。

图5-16　输入的竖排文字

10.　按 Ctrl+S 组合键，将文件命名为"区域文字.ai"并保存。

5.1.5　范例解析——输入路径文字

利用 工具和 工具可以在页面中输入沿路径排列的文字。这两个工具在使用时与【区域文字】工具相似，必须在页面中先选择一个路径，然后再进行文字的输入。下面以实例的形式来讲解该工具的使用方法。

1.　启动 Illustrator CS6 软件，按照默认的参数新建文件。

2.　执行【文件】/【置入】命令，将"图库\第 05 章"目录下名为"七夕.jpg"的文件置入。

3.　选择 工具，在画面中绘制一条开放的钢笔路径，如图 5-17 所示。

4.　保持刚才绘制的路径处于选择状态，选择 工具，然后在路径的左端单击，即会出现闪动的文字插入光标，如图 5-18 所示。

图5-17　绘制的路径

图5-18　出现的文字插入光标

5.　此时，便可以输入文字了。输入的文字将沿路径排列，如图 5-19 所示。

6.　选择 工具，选中路径，出现路径控制柄，如图 5-20 所示。

图5-19　沿路径输入的文字

图5-20　路径控制柄

7.　当调整修改了路径形状后，文字会跟随路径的变化而变化，如图 5-21 所示。

8.　如果输入的文字没有全部在路径上显示出来，是因为文字的字号过大，路径排列不开这么多文字，此时在路径的末端会出现一个红色小矩形，里面带有"＋"符号，如图 5-22 所示。

9. 选择 ▶ 工具，选取文字。在属性栏中查看文字的字号大小，如图 5-23 所示。可以看到当前文字的大小是 21 pt。

图5-21 调整修改路径形状

图5-22 显示红色符号

图5-23 查看字号大小

10. 把字号改成 14 pt，这样在路径上输入的文字就全部显示了，如图 5-24 所示。

11. 用户仔细查看，在路径文字的左端、中间和右端各有一个蓝色的类似文字输入光标的细线，如图 5-25 所示。

图5-24 全部显示的文字

图5-25 路径文字符号

12. 当向右移动路径左边的符号时，路径上的文字会向右移动，如图 5-26 所示。

13. 当移动路径中间的符号时，路径上的文字会被移动到路径的另一侧，如图 5-27 所示。

图5-26 向右移动文字

图5-27 文字被移动到了另一侧

14. 当移动路径右边的符号时，会缩小文字在路径上的显示，如图 5-28 所示。

15. 执行【文字】/【路径文字】命令，会显示如图 5-29 所示的关于路径文字的命令。

图5-28 缩小文字在路径上的显示

图5-29 路径文字命令

16. 执行【文字】/【路径文字】/【倾斜】命令，路径文字变成如图 5-30 所示的倾斜形态。
17. 执行【文字】/【路径文字】/【3D 带状效果】命令，路径文字变成如图 5-31 所示的形态。

图5-30　倾斜的路径文字

图5-31　3D 带状效果路径文字

18. 执行【文字】/【路径文字】/【阶梯效果】命令，路径文字变成如图 5-32 所示的形态。
19. 执行【文字】/【路径文字】/【重力效果】命令，路径文字变成如图 5-33 所示的形态。
20. 执行【文字】/【路径文字】/【路径文字选项】命令，弹出如图 5-34 所示的【路径文字选项】对话框。利用该对话框可以设置路径文字的效果、文字对齐路径的位置以及路径文字的间距等。

图5-32　阶梯效果路径文字

图5-33　重力效果路径文字

图5-34　【路径文字选项】对话框

 【直排路径文字】工具 和【路径文字】工具 的使用方法完全相同，读者可以自己练习使用。

5.1.6　课堂实训——设计化妆品广告

本节通过设计如图 5-35 所示的化妆品广告，练习文字工具的使用方法。

【步骤提示】

1. 新建一个文件，并分别置入"图库\第 05 章"目录下的"背景.jpg"、"人物.psd"、"香皂.psd"和"香皂01.psd"文件，然后摆放到画面中如图 5-36 所示的位置。

图5-35　化妆品广告

图5-36　置入的图片

2. 选择 T 工具输入如图 5-37 所示的文字，文字颜色填充为粉红色（M:88,Y:28），描边宽度设置为"1pt"，描边颜色为紫色（C:75,M:94）。

3. 执行【对象】/【封套扭曲】/【用变形建立】命令，弹出【变形选项】对话框，各项参数设置如图 5-38 所示。

图5-37　输入的文字

图5-38　【变形选项】对话框

4. 单击　确定　按钮，文字状态如图 5-39 所示。

5. 利用　工具将文字进行变形调整，如图 5-40 所示。

图5-39　变形文字

图5-40　调整后的文字

6. 利用路径工具绘制一条路径，然后利用　工具沿路径输入如图 5-41 所示的文字。

7. 在画面的左下角再输入"优惠活动"等内容。至此，香皂广告设计完毕，整体效果如图 5-42 所示。

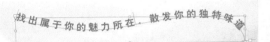

图5-41　输入的路径文字

图5-42　设计完成的广告

8. 按 Ctrl+S 组合键，将文件命名为"香皂广告.ai"并保存。

5.2　编辑文字

Illustrator 软件具有强大的文字编排功能，可以让用户自由、方便地对文本进行各种处理。文本的编辑操作主要包括【字符】和【段落】属性的设置、文本块的链接与调整、文本绕图设置及将文字转换为图形等。

5.2.1　功能讲解

本节将介绍有关文字工具的各项功能。

一、　文本的选择

要对文字进行操作，必须先将其选中。选中文字的方法主要有两种：一种是选择整个文本块；另一种为选择文本块中的一部分文字。

(1) 选择整个文本块。

选择整个文本块的方法比较简单，只须利用【选择】工具　对其进行单击即可。选中的文本块四周将显示文本框。

（2）　选择文本块中的某一部分文字。

选择文本块中某一部分文字的方法为：选择【文字】工具 T，然后在要选择的文字前面或后面单击鼠标左键并拖曳，此时，鼠标光标经过的文字将反白显示，即表示选择了这部分文字。

要点提示　鼠标光标在文本段落中闪动时，按住 Shift+Ctrl 组合键，然后再按键盘中的 ↑ 方向键，可选择本段落中光标上面的文字；若按住 Shift+Ctrl 组合键的同时，再按键盘中的 ↓ 方向键，可选择本段落中光标下面的文字，每多按一次 ↑ 键（或 ↓ 键）便多选择一段文字。将文本光标放置到某一文字段落中，连接快速地单击 3 次，可选择整个段落。

二、　字符和段落面板

【字符】及【段落】面板的主要功能是对文字的字体、字号、字间距、行间距及段落的对齐方式和段落缩排等进行设置。

（1）　【字符】面板。

执行【窗口】/【文字】/【字符】命令，将弹出如图 5-43 所示的【字符】面板。单击该面板右上角的 ▄ 按钮，在弹出的菜单中选择【显示选项】命令，此时的【字符】面板形态如图 5-44 所示。

图5-43　【字符】面板

图5-44　显示更多选项后的【字符】面板

要点提示　将【字符】面板的隐藏选项显示后，【显示选项】命令将变为【隐藏选项】，再次选择此命令，系统将还原刚调出时的【字符】面板状态。

- 【设置字体系列】选项 汉仪中圆简 ▼：用于设置或修改选择文字的字体。
- 【设置字体样式】选项 - ▼：设置输入英文文字的字体样式，包括【Narrow】（收缩）、【Regular】（规则的）、【Italic】（斜体）、【Bold】（粗体）、【Bold Italic】（粗斜体）和【Black】（黑体）6 个选项。

要点提示　当选择不同的字体时，【设置字体样式】中的选项也各不相同。一般情况下，当选择中文字体时，该下拉列表中无选项。

- 【设置字体大小】选项 T 14 pt ▼：用于设置文字的大小。按 Shift+Ctrl+> 组合键可增大所选文字的字号；按 Shift+Ctrl+< 组合键可减小所选文字的字号。
- 【设置行距】选项 A 18 pt ▼：用于设置文本中行与行之间的距离。按 Alt+↓ 组合键可增大所选文字的行距；按 Shift+↑ 组合键可减小所选文字的行距。
- 【垂直缩放】选项 T 100% ▼ 和【水平缩放】选项 T 100% ▼：用于设置所选文字在垂直方向和水平方向上的缩放比例。数值为 100% 时表示未对其进行缩放；数值小于 100% 时表示在该方向上对所选文字进行缩小变形；数值大于

100％时表示在该方向上对所选文字进行放大变形。

- 【设置两个字符间的字距微调】选项 VA ↕ 自动 ▼：用于控制相邻两个字符之间的距离。
- 【设置所选字符的字距调整】选项 VA ↕ 0 ▼：用于控制所选文本中字与字之间的距离。按 Alt + → 组合键或按 Alt + Ctrl + → 组合键，可增大所选文字的字距，按 Shift + ← 组合键或 Shift + Ctrl + ← 组合键，可减小所选文字的字距。注意这两种快捷键调整字距的幅度不同。
- 【比例间距】选项 ↔ ↕ 0％ ▼：设置所选字符的间距缩放比例，可以在其下拉列表中选择 0％～100％ 的缩放数值。
- 【插入空格（左）】选项 ↔ 自动 ▼ 和【插入空格（右）】选项 ↔ 自动 ▼：用于在所选文本中各字符的前面或后面插入指定字符大小的空格。
- 【设置基线偏移】选项 A↕ ↕ 0 pt ▼：用于调整文本中被选文字的上下位置。利用此选项可以在文本中创建上标或下标，如图 5-45 所示。当参数为正值时表示将文字上移，为负值时表示将文字下移。另外，利用基线微调还可以将路径文本移动到路径的上方或下方而不更改文本的方向，如图 5-46 所示。

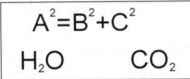

图5-45　用文字创建上标或下标后的效果

图5-46　路径文字下移后的效果

- 【字符旋转】选项 ⟳ ↕ 0° ▼：用于设置所选字符的旋转角度。
- 【下划线】按钮 T：激活此按钮，可在选择的字符下方添加下划线。
- 【删除线】按钮 T：激活此按钮，可在选择的字符上添加删除线。
- 【语言】选项：在此下拉列表中可以选择不同国家的语言。

(2)　【段落】面板。

执行【窗口】/【文字】/【段落】命令或在【字符】面板组中单击【段落】选项卡，将弹出如图 5-47 所示的【段落】面板。单击该面板右上角的 ▼≡ 按钮，在弹出的菜单中选择【显示选项】命令，即可在面板中显示更多的选项，如图 5-48 所示。

图5-47　【段落】面板

图5-48　显示更多选项后的【段落】面板

(3)　段落的对齐方式。

- 【左对齐】按钮 ≣、【居中对齐】按钮 ≣ 和【右对齐】按钮 ≣：这 3 个按钮的功能是设置横向文本的对齐方式，分别为左对齐、居中对齐和右对齐。
- 【末行左对齐】按钮 ≣、【末行居中对齐】按钮 ≣、【末行右对齐】按钮 ≣ 和

【全部两端对齐】按钮▤：只有选择横向的文本段落时这 4 个按钮才可用。它们的功能是调整段落中最后一行的对齐方式，分别为左对齐、居中对齐、右对齐和两端对齐。

当选择竖向的文本时，【段落】面板最上一行各按钮的功能分别介绍如下。

- 【顶对齐】按钮▥、【居中对齐】按钮▥和【底对齐】按钮▥：这 3 个按钮的功能是设置竖向文本的对齐方式，分别为顶对齐、居中对齐和底对齐。
- 【末行顶对齐】按钮▥、【末行居中对齐】按钮▥、【末行底对齐】按钮▥和【全部两端对齐】按钮▥：只有选择竖向的文本段落时，这 4 个按钮才可用。它们的功能是调整段落中最后一列的对齐方式，分别为顶对齐、居中对齐、底对齐和两端对齐。

(4) 段落缩进。

- 【左缩进】选项 ▪┇▵ 0 pt ▾：在此选项的文本框中输入正值，表示文字左边界与文字框的距离增大；输入负值则表示文字左边界与文字框的距离缩小。当负值足够大时，文字有可能溢出文字框。
- 【右缩进】选项 ▪┇▵ 0 pt ▾：在此选项的文本框中输入正值，表示文字右边界与文字框的距离增大；输入负值则表示文字右边界与文字框的距离缩小。当负值足够大时，文字有可能溢出文字框。
- 【首行左缩进】选项 ▪┇▵ 0 pt ▾：只对文字段落的首行文字进行缩进。
- 【段前间距】选项 ▪┇▵ 0 pt ▾ 和【段后间距】选项 ▪┇▵ 0 pt ▾：用于设置段落与段落之间的距离。

(5) 段落选项。

- 【避头尾集】选项和【标点挤压集】选项：用于设置文本的编排方式，可以控制中文标点不被放置到行首位置。
- 【连字】复选项：此选项是针对英文文本设置的。勾选此复选项，表示允许使用连字符连接单词。也就是说，单词在一行中不能被完全放下时，放不下的部分会转移到下一行，并且单词隔开部位出现连字符。图 5-49 所示为不勾选与勾选此复选项时的文本效果对比。

Wator is the most vital nutrient for the body. Water is kay. And as far as your skin is concerned, it helps to back glow, it softens the lines, it improves the texture. If you could do one thing, just drink wator.

Wator is the most vital nutrient for the body. Water is kay. And as far as your skin is concerned, it helps to back glow, it softens the lines, it improves the texture. If you could do one thing, just drink wator.

图5-49　不勾选与勾选【连字】复选项时的文本效果

三、　文本块的调整

有时设置的文本框可能较小，不能容纳所有的文字，此时就需要对文本框进行调整。选择【选择】工具▸，在文本框的任意控制点处按住鼠标左键同时向外拖曳，对文本框进行放大调整，即可将没有显示的文字全部显示。

当文本块中有被隐藏的文字时，除了利用【选择】工具对文本框进行调整外，还可以将隐藏的文字转移到其他文本块中。利用【文字】工具▣在页面中拖曳，绘制出另一个文本框，即隐藏文字要转移的文本框；然后利用 工具将绘制的文本框与原文本块同时选择；再执行【文字】/【串接文本】/【创建】命令，即可将隐藏的文字移动到新绘制的文本框中。

四、 文本绕图

在排版过程中，经常会遇到图片和文字并存的情况，这时就需要使用【文本绕排】命令来对文档进行排版。在 Illustrator 软件中，不仅可以让文本围绕图形，而且还可以使文本围绕路径和置入的图像进行排列。具体操作为：在页面中输入文字，如图 5-50 所示，此时需要在文字中添加如图 5-51 所示的几个图形，利用 工具将文字与图形一起选择，然后执行【对象】/【文本绕排】/【建立】命令，此时文字就会绕图进行排列，如图 5-52 所示。

图5-50　输入的文字　　　　　　图5-51　绘制的图形　　　　　　图5-52　文字绕图排列

 如果对产生的绕图效果不满意，执行【文字】/【文本绕排】/【释放】命令，即可取消对文字的绕图操作。

五、 将文字转换为图形

Illustrator 软件虽然为用户提供了强大的文字处理功能，但在处理过程中仍然有一定的局限性，这在绘图中给用户带来了一定的不便。而且【滤镜】菜单中的各种命令也只有对图形才起作用，所以很多情况下需要先将文字进行图形化（通过菜单命令将文字转化成图形），然后再对其进行处理。

在页面中输入文字，利用 工具将文字选择，然后执行【文字】/【创建轮廓】命令，即可将选择的文字转化为图形。

 在 Illustrator 中，一旦将文字转化为图形以后，就不能再对其进行文字属性的设置，且也没有相应的命令再将其转化为文字，所以在将文字转化为图形之前，要想清楚是否必须要将其转化为图形。

六、 制表符

【制表符】命令具有使文字缩排定位的功能。执行【窗口】/【文字】/【制表符】命令，弹出如图 5-53 所示的【制表符】面板。

图5-53　【制表符】面板

- 制表符最上面的一排按钮为定位标志，由左至右分别为 【左对齐制表符】、 【居中对齐制表符】、 【右对齐制表符】和 【小数点对齐制表符】按钮。【对齐位置】数值为定位标志的位置。

利用工具箱中的文字工具在页面中绘制一个文本框，然后双击制表符上方的蓝色条，制表符会自动移动到文本框的上方并与文本框对齐。

(6)　设置缩排。

在文本框中需要对齐的位置按 Tab 键，如图 5-54 所示。单击制表符中的 ↓ 图标，然后在制表符中单击确定文字的对齐位置，此时制表符中出现定位标记，刚才用过 Tab 键的地方就会与这个标记对齐。对齐定位标记后的文字形态如图 5-55 所示。

图5-54　使用 Tab 键输入的空格

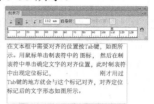

图5-55　对齐定位标记后的文字形态

在设置缩排时，用鼠标拖曳标尺中的首行和悬挂缩排标记，可以调整段落文字首行和悬挂的缩排量。选择文本设置各缩排命令后的效果如图 5-56 所示。

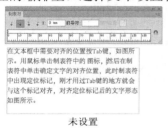

未设置

首行缩排

悬挂缩排

图5-56　文本设置不同缩排后的效果

七、　适合标题

【适合标题】命令可以将文本块中的标题与正文对齐。在工作页面中选择需要对齐的标题和正文，然后执行【文字】/【适合标题】命令，系统即可将选择的文本对齐。图 5-57 所示为未对齐和对齐后的文本效果对比。

适合大标题
【适合大标题】命令，
可以将文本块中的标题与正文对齐。

适　合　大　标　题
【适 合 大 标 题】 命 令，
可以将文本块中的标题与正文对齐。

图5-57　适合标题之前和之后的文本效果

八、　查找和替换

利用【查找和替换】命令可以在文本块中查找指定的文字，也可以将查找的文字更改为其他的文字，且更改的同时文字将仍保持原来的样式。执行【编辑】/【查找和替换】命令，弹出如图 5-58 所示的【查找和替换】对话框。

图5-58　【查找和替换】对话框

- 【查找】选项：在该文本框中输入需要查找的文字。
- 【替换为】选项：在该文本框中输入要将查找内容替换为的文字。
- 查找(F) 按钮：单击此按钮，系统将查找需要查找的文字，当查找出第一个文字后，该按钮变成 查找下一个(F) 按钮，单击 查找下一个(F) 按钮，系统将继续查找下一个需要查找的文字。

- 替换(R) 按钮：单击此按钮，系统将以【替换为】窗口中的文字替换【查找】窗口中的文字。

- 替换和查找(E) 按钮：单击此按钮，系统将替换查找到的第一处符合条件的文字，同时查找到下一个符合条件的文字。相当于依次单击 查找下一个(F) 按钮和 替换(R) 按钮。

- 全部替换(A) 按钮：单击此按钮，系统将会把文本中所有【查找】窗口中的文字全部替换。

- 完成 按钮：单击此按钮，表示查找与替换操作已经完成，同时关闭【查找和替换】对话框。

替换(R) 按钮、全部替换(A) 按钮和 替换和查找(E) 按钮，只有在文本中查找到符合条件的文字后，它们才显示为可用状态。如果文本中查找不到符合条件的文字，这 3 个按钮将显示为灰色。

- 【区分大小写】复选项：勾选此复选项，系统将只查找与【查找内容】文本框中大小写完全相同的单词。如要查找"Box"，则单词"box"就不会被查找到。

- 【全字匹配】复选项：勾选此复选项，系统将只查找与【查找内容】文本框中完全相同的单词，如要查找"Box"，则单词"Boxes"就不会被查找到。

- 【向后搜索】复选项：选择此复选项，系统在查找时，将由文字插入光标所在位置向文字的开头部分查找。

- 【检查隐藏图层】复选项：勾选此复选项，系统在查找时会对隐藏图层中的文字也进行查找。

- 【检查锁定图层】复选项：勾选此复选项，系统在查找时会对锁定图层中的文字也进行查找。

九、 查找字体

利用【查找字体】命令，可以查找并改变文字的字体。执行【文字】/【查找字体】命令，系统将弹出如图 5-59 所示的【查找字体】对话框。

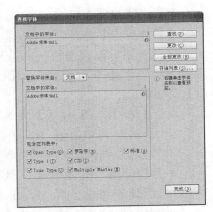

图5-59 【查找字体】对话框

- 【文档中的字体】栏：其下的列表窗口中罗列了当前文档中所有的字体。

- 【替换字体来自】栏：其右侧的下拉列表中包括【文档】和【系统】两个选项。当选择【文档】选项时，在其下的列表窗口中将只罗列当前文档中的字体；当选择【系统】选项时，其下的列表窗口中将罗列当前操作系统中的所有可用字体。

- 【包含在列表中】栏：取消其下任一复选项的勾选，都将在【替换字体】列表中取消此类字体的显示。

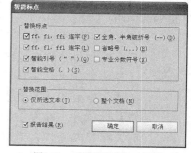

- 查找(F) 按钮、更改(C) 按钮和 全部更改(H) 按钮：这些按钮与【查找和替换】对话框中相对应按钮功能相同，在此不再赘述。

十、　拼写检查

【拼写检查】命令主要用于检查文本块中英文单词的拼写错误，如英文字母的错拼、少写字母及重复键入字母等错误，但它不能检查语法错误。执行【编辑】/【拼写检查】命令，系统将弹出如图 5-60 所示的【拼写检查】对话框。

- 【准备开始】栏：其下的列表中列有系统所查到的所有错误单词。
- 【建议单词】栏：在【准备开始】列表中选择错误的单词后，此栏的列表中将会列出供参考的正确单词。
- 开始 按钮：选择需要检查的单词后单击该按钮即可循序查找拼写错误的单词。
- 忽略 按钮：单击此按钮，可以将当前的错误单词忽略，不做任何更改。
- 全部忽略 按钮：单击此按钮，可以将当前有相同拼写错误的单词全部忽略。

图5-60　【拼写检查】对话框

- 更改 按钮：在【建议单词】下方的列表中选择正确的单词后，单击此按钮，可以将文本块中错误的单词更正。
- 全部更改 按钮：单击此按钮，可以将有相同拼写错误的单词同时更正。

十一、更改大小写

利用【更改大小写】命令，可以将当前所选英文单词更改为全部大写、全部小写或混合大小写（即每个单词的第一个字母为大写）的形式。

利用文字工具在文本中选择需要更改大小写的英文单词，然后执行【文字】/【更改大小写】命令，在弹出的菜单中选择相应的命令即可根据需要来更改字母的大小写。

十二、智能标点

【智能标点】命令可以在输入的文本中查找文本符号，并用出版文本符号替代，此命令如进行设置还可以报告替换的符号数量。执行【文字】/【智能标点】命令，将弹出如图 5-61 所示的【智能标点】对话框。

- 【ff，fi，ffi 连字】复选项：勾选此复选项，当所选单词中出现 ff、fi 或 ffi 形式的字母组合时，系统会自动将其更改为连字。
- 【ff，fl，ffl 连字】复选项：勾选此复选项，当所选单词中出现 ff、fl 或 ffl 形式的字母组合时，系统会自动将其更改为连字。

图5-61　【智能标点】对话框

- 【智能引号】复选项：勾选此复选项，可将文本中输入的半角引号（ " " 或 ' ' ）转换为全角引号（" " 或 ' ' ）。

- 【智能空格】复选项：勾选此复选项，可将句号后的多个空格转换为一个空格。
- 【全角、半角破折号】复选项：勾选此复选项，可以将两个或 3 个连续的虚线（--）或（---）转换为一个破折号（——）。
- 【省略号】复选项：勾选此复选项，可用省略号来代替文本中的点（ ... ）。
- 【专业分数符号】复选项：当小数用分数的形式表现时，勾选此复选项，系统可用正确的表现形式表现分数的分子和分母。
- 【仅所选文本】单选项：点选此单选项，替换操作将只在选中的文本中进行。
- 【整个文档】单选项：点选此单选项，替换操作将在整篇文档中进行。
- 【报告结果】复选项：勾选此复选项，进行替换符号后，可以查看所替换符号的数量列表。

十三、显示隐藏字符

默认情况下，创建文本中的空格、换行和制表符等非打印字符是隐藏不可见的，如图 5-62 所示。当选择创建的文本，执行【文字】/【显示隐藏字符】命令时，可将这些非打印字符显示出来，如图 5-63 所示。

图5-62　没有显示字符时的文字形态　　　　图5-63　显示字符时的文字形态

在非打印字符处于可见的情况下，再次执行【文字】/【显示隐藏字符】命令，即可以将这些字符重新隐藏。

5.2.2　范例解析——展板排版

Illustrator 软件具有强大的文字编辑功能，可以让用户自由、方便地对文字进行各种处理操作。文字的编辑操作主要包括文字的选择、改变文字方向、文字块的调整及链接的设置等。通过本范例的制作将学习编辑文字操作。

1. 启动 Illustrator CS6 软件，打开"图库\第 05 章"目录下名为"工作制度排版.ai"文件，如图 5-64 所示。
2. 选择文字的方法主要分两种：一种为选择整个文字块；另一种为选择文字块中的一部分文字。选择整个文字块的方法比较简单，只须利用 工具单击文字块即可。
3. 如果需要选择文字块中某一部分文字，利用 T 或 IT 工具，在文字前面或后面按下鼠标左键并拖动，此时，鼠标指针拖动经过的文字以反白显示，即表示选择了文字，如图 5-65 所示。

光标在文字段落中闪动时，按住键盘中的 Shift+Ctrl 组合键，然后再按键盘上向上的方向键，可选择段落中光标上面的文字；若按住 Shift+Ctrl 组合键的同时，再按键盘上向下的方向键，可选择段落中光标下面的文字，每多按一次 ↑ 键（或 ↓ 键）便多选择一段文字。将光标放置到某一文字段落中，连续快速地按鼠标左键 3 次，可选择整个段落。

图5-64 打开的文件　　　　　　　　　图5-65 选择文字

下面学习改变文字方向的方法。

4. 利用 箭头 工具选择文字。执行"文字/文字方向/垂直"命令，即可把选择的横排文字改变为垂直方向排列，如图 5-66 所示。若当前所选的文字为竖排方式，执行"文字/文字方向/水平"命令，可以将文字改变为水平方向排列。

当文字块中有被隐藏的文字时，除了利用调整文字框的大小把隐藏的文字显示出来之外，还可以将隐藏的文字转移到其他的文字块中。

5. 利用 箭头 工具将"制度表.ai"文件中右边的文字块选中，如图 5-67 所示。

图5-66 改变文字方向　　　　　　　　图5-67 选择文字

6. 这是由两个文字块串接所组成的文字，执行"文字/串接文本/释放所选文字"命令，此时所选文字块中的文字被释放出去，只剩下一个文字框，如图 5-68 所示。

7. 按住 Shift 键再将左边的文字同时选择，如图 5-69 所示。

图5-68 释放文字　　　　　　　　　　图5-69 同时选择

8. 执行"文字/串接文本/创建"命令，即可将隐藏的文字移动到右边的文字框中，如图 5-70 所示。

9. 执行"文字/串接文字/移去串接文字"命令可以把这两个文字块断开，被转移的文字不会再回到原来的文字块中，如图 5-71 所示。

图5-70 隐藏文字转移后的状态

图5-71 文字块断开状态

5.2.3 课堂实训——摄像机广告设计

本节通过设计如图 5-72 所示的摄像机广告来练习文字工具的使用技巧。

图5-72 设计完成的摄像机广告

【步骤提示】

1. 启动 Illustrator CS6 软件，创建一个新文档。

2. 在文件中置入"图库\第05章"目录下的"眼睛.jpg"和"相机.psd"文件，将置入的图片放置到如图 5-73 所示的版面位置。

3. 利用 ⊤ 工具在版面中输入如图 5-74 所示的文字，其中"EYE"字体为"汉仪彩云"字体，颜色填充为红色（M:100）。

图5-73 置入的图片

图5-74 输入的文字

4. 将"Photo"文字创建为轮廓并取消群组，然后调整字母大小，调整"POWER"文字的字间距，将文字组合成如图 5-75 所示的形态。

5. 在画面中输入如图 5-76 所示的文字，并利用 ╱ 工具绘制线段。

图5-75 组合后的文字

图5-76 输入的文字

6. 利用 ✎ 工具和 ↖ 工具绘制并调整出如图 5-77 所示的路径，然后利用 ✓ 工具沿路径输入如图 5-78 所示的文字。

图5-77 绘制的路径

图5-78 输入的文字

7. 至此，相机广告设计完毕，整体效果如图 5-79 所示。

图5-79 设计完成的相机广告

8. 按 Ctrl+S 组合键，将文件命名为"摄像机广告.ai"并保存。

5.3 综合案例——设计音响宣传单

本节将综合运用本章所学习的工具来设计如图 5-80 所示的音响宣传单。

图5-80 设计完成的宣传单

🗝 设计音响宣传单

1. 启动 Illustrator CS6 软件，创建一个新文档。

2. 执行【文件】/【置入】命令，将"图库\第 05 章"目录下的"背景.jpg"文件置入。

3. 利用 T 工具在背景素材中输入如图 5-81 所示的文字。

4. 选择输入的文字，执行【文字】/【创建轮廓】命令，文字转换后的形态如图 5-82 所示。

图5-81　输入的文字 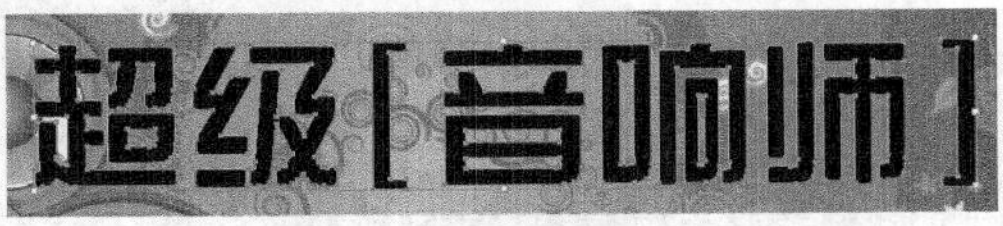　　　　　　　　　　　　　　　　　图5-82　转换后的文字

5. 打开【渐变】面板，设置渐变颜色如图 5-83 所示，颜色设置从左向右依次为蓝色
（C:79,M:6）、 蓝色（C:97,M:87）、 深蓝色（C:100,M:100,K:54）和浅蓝色
（C:79,M:6），填充完毕后的文字效果如图 5-84 所示。

图5-83　【渐变】面板　　　　　　　　　　　　　　　　图5-84　填充渐变颜色后的效果

6. 选择文字，执行【编辑】/【复制】命令和【编辑】/【贴在后面】命令，并将复制的文
字描边，描边颜色为灰色（K:20），描边宽度为 "10pt"，效果如图 5-85 所示。

7. 用同样的方法，再复制出另外一组文字并填充黑色，并放置在最底层，然后按方向键
分别向左、向下个各移动 5 个单位，体现出投影效果，如图 5-86 所示。

图5-85　描边效果　　　　　　　　　　　　　　　　　　图5-86　投影效果

8. 双击 工具，在弹出的【混合选项】对话框中【指定的步数】设置为 "30"，然后在
灰色文字上单击，再在黑色文字上单击，将文字混合处理，效果如图 5-87 所示。

9. 选择蓝色渐变文字，再次执行【编辑】/【复制】命令和【编辑】/【贴在后面】命令，
将复制出的文字填充黑色，并放置在文字的最底层，然后按方向键将文字向下、向左
各移动 5 个单位，效果如图 5-88 所示。

图5-87　混合后的文字效果　　　　　　　　　　　　　　图5-88　投影效果

10. 将制作好的文字全选，执行【对象】/【编组】命令，将文字组成一个整体。

11. 执行【对象】/【封套扭曲】/【用网格建立】命令，在弹出的【封套网格】对话框中将
【行数】设置为 "1"，将【列数】设置为 "1"。

12. 利用 工具选择封套网格上的控制点，然后将文字进行变形调整，调整成如图 5-89 所
示的形态。

13. 利用 工具绘制一个圆角矩形，并为圆角矩形填充绿色（C:74,Y:100）到白色的线性
渐变，效果如图 5-90 所示。

14. 执行【效果】/【风格化】/【投影】命令，弹出【投影】对话框，选项及参数设置如图
5-91 所示。

图5-89 调整后的文字

图5-90 绘制的圆角矩形

图5-91 【投影】对话框

15. 单击 确定 按钮，为圆角矩形添加投影效果。

16. 再绘制一个圆角矩形，填充粉红色（M:85）到桔红色（M:77,Y:90）的线性渐变颜色。再复制一个圆角矩形，填充黑色并放置在下层，将黑色矩形向上、向右各移动 1 个单位，效果如图 5-92 所示。

17. 利用 T 工具在圆角矩形上输入"疯狂抢购" 4 个字，并对这 4 个字也执行投影命令，参数设置同上，效果如图 5-93 所示。

18. 利用 T 工具在画面中绘制一个矩形文本框，并在文本框中输入如图 5-94 所示的文字。

图5-92 绘制的圆角矩形

图5-93 输入的文字

图5-94 输入的文字

19. 利用 T 工具输入如图 5-95 所示的文字，颜色分别为黄色和黑色。

20. 选择黄色文字，执行【效果】/【风格化】/【投影】命令，给文字制作投影效果。

21. 选择上面的黄色文字，然后执行【对象】/【封套扭曲】/【用变形建立】命令，弹出【变形选项】对话框，各项参数设置如图 5-96 所示。

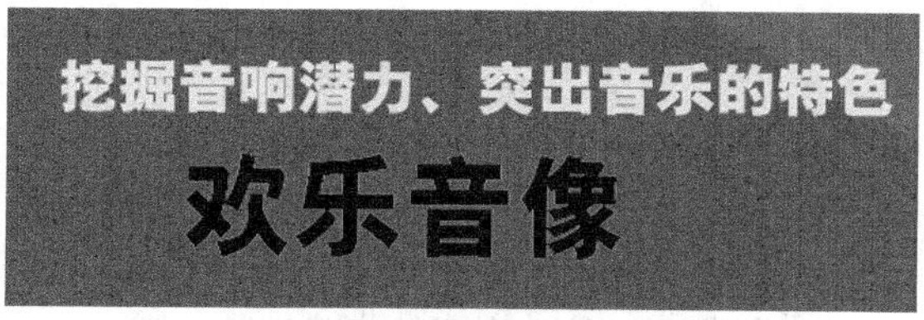

图5-95 输入的文字

图5-96 【变形选项】对话框

22. 单击 确定 按钮，为文字添加变形效果，如图 5-97 所示。

23. 选择"欢乐音像" 4 个字，将这 4 个字创建为轮廓，然后为其填充绿色（C:64,Y:100）、黄色（Y:100）到白色的线性渐变，效果如图 5-98 所示。

图5-97 变形效果

图5-98 填充渐变变色效果

24. 利用 T 工具在画面中绘制一个矩形文本框，在文本框中输入如图 5-99 所示的文字。

图5-99　输入的文字

25. 至此，音响宣传单设计完成，整体效果如图 5-80 所示。

26. 按 Ctrl+S 组合键，将文件命名为"宣传单.ai"并保存。

5.4　课后作业

1. 结合本章所学习的内容，设计出如图 5-100 所示的卡片。

【步骤提示】

(1) 打开"图库\第 05 章"目录下的"背景图片.ai"文件。

(2) 选择 IT 工具，在【字符】面板设置各项参数如图 5-101 所示，然后在图片上输入如图 5-102 所示的文字。

图5-100　设计的卡片　　　　图5-101　【字符】面板　　　　图5-102　输入的文字

(3) 绘制并调整出如图 5-103 所示的路径，利用 工具沿路径输入如图 5-104 所示的文字。

图5-103　绘制的路径　　　　　　　　　图5-104　输入的文字

(4) 用同样的方法，再输入下面的一条路径文字。至此，文字输入完毕，画面的整体效果如图 5-100 所示。

(5) 按 Ctrl+S 组合键，将文件命名为"路径文字.ai"并保存。

2. 结合本章所学习的内容，利用【渐变】工具、【文字】工具和路径工具，完成如图 5-105 所示的艾丽达相机广告整体效果设计。

(1) 在置入的图片上绘制一个矩形，并为绘制的矩形添加色谱渐变颜色。

(2) 在【透明度】面板中将添加渐变颜色后的矩形【模式】设置为"柔光"，【不透明度】参数设置为"40%"。

(3) 将绘制的矩形与置入的图片进行位置的调整，然后利用路径工具绘制并调整出波浪式的图形。

(4) 将调整出的其中一个图形从左向右添加白色、绿色（C:44,Y:95）和白色的线形渐变颜色，下面的线形图形填充黄色（Y:100）。

背景的制作过程示意图如图 5-106 所示。

图5-105　设计完成的相机广告整体效果

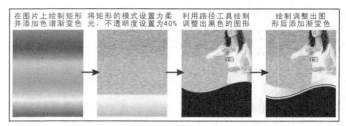

图5-106　背景的制作过程示意图

(5) 在背景上输入黑色文字，然后分别执行【编辑】菜单下的【复制】和【粘贴】命令，将文字进行复制、粘贴，将复制出的文字填充白色和红色（M:100,Y:100），与黑色的文字组合后完成文字投影效果的制作，如图 5-107 所示。

图5-107　制作出的带有投影的文字

(6) 绘制一个黑色的圆角矩形，选择 工具，将鼠标指针放置在变形框右边中间的控制点上，按住鼠标左键不放，然后按住 Shift+Ctrl+Alt 组合键并拖曳鼠标指针，将圆角矩形进行斜切变形，状态如图 5-108 所示。

(7) 拖曳鼠标指针到合适位置后释放按键，完成圆角矩形的斜切变形，斜切变形后的形状如图 5-109 所示。

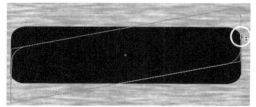

图5-108　圆角矩形的斜切变形状态

图5-109　斜切变形后的圆角矩形

(8) 将斜切变形后的圆角矩形复制，然后将复制出的图形填充色设置为黄色（C:10,Y:83），轮廓色设置为白色，轮廓宽度设置为"3pt"，轻微调整位置后制作出图形的投影效果，如图 5-110 所示。

(9) 输入文字，将输入的文字转换后进行斜切变形，使其与变形后的圆角矩形相适应。

(10) 执行【效果】/【风格化】/【投影】命令，为斜切变形后的文字添加投影，效果如图 5-111 所示。

图5-110　制作出的投影

图5-111　文字投影效果

(11) 输入"幸运赢大奖"文字，执行【对象】/【扩展】命令将文字进行转换。

(12) 将转换后的文字由上向下添加白色、黄色（Y:100）和白色的线性渐变颜色，轮廓色设置为黑色，轮廓宽度设置为"2pt"。

(13) 选择 工具，并按 Shift + Ctrl + Alt 组合键，将文字进行透视变形调整，然后将变形后的文字放置在如图 5-112 所示的位置。

(14) 在背景中分别输入不同的文字，颜色分别设置为黄色（Y:100）、红色（M:100,Y:100）和白色，如图 5-113 所示。

图5-112　透视变形后的文字放置的位置

图5-113　输入的文字

(15) 将日期文字进行转换，然后执行【对象】/【路径】/【偏移路径】命令将文字进行路径的偏移处理，效果如图 5-114 所示。

图5-114　偏移路径后的效果

(16) 将偏移出的文字填充色设置为白色，效果如图 5-115 所示。文字调整完成后即可完成艾丽达相机广告的设计制作。

图5-115　偏移出的文字填充白色后的效果

第6章　透视、符号和图表工具

在 Illustrator 软件中，利用【透视网格】工具▦可使用户在透视图平面上绘制出 1 点、2 点、3 点透视图形或立体透视场景。

符号是在文档中可以重复使用的图形对象，它最大的特点就是可以方便快捷地被调用。Illustrator 软件系统本身存储了许多符号，这些符号既可以被调用，又可以被编辑。除软件系统本身存储的符号外，用户还可以自己创建新的符号。

在对各种数据进行统计和比较时，为了获得更加精确、直观的效果，人们经常运用绘制图表的方式来表达数据。在 Illustrator 软件中，为用户提供了丰富的图表类型和强大的图表功能，使用户在运用图表进行数据统计和比较时更加方便，更加得心应手。

【学习目标】

- 掌握透视网格工具的使用方法，包括利用【透视网格】工具▦创建透视网格和利用【透视选区】工具▷选择并编辑透视网格。
- 掌握各种符号工具的使用方法，包括【符号】面板的使用、符号的创建和编辑等。
- 掌握各种图表工具的使用，包括图表的分类、创建和编辑等操作。

6.1　透视工具

本节通过范例操作的形式来学习透视网格的创建、编辑和调整，以及在透视网格中绘制透视图形的操作方法和技巧。

6.1.1　范例解析——创建透视网格

首先学习创建透视网格的方法。

1. 启动 Illustrator CS6 软件。打开附盘中"图库\第 06 章"目录下的"建筑.ai"图形文件，如图 6-1 所示。

图6-1　打开的效果图

2. 选择【透视网格】工具 ，在画板中显示出了透视网格，如图 6-2 所示。当前默认的
   透视网格为两点透视图。

   通过图示的形式来认识网格各部分的名称，如图 6-3 所示。

图6-2　显示的透视网格

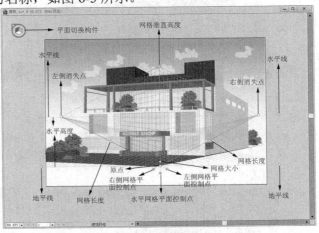

图6-3　网格名称

3. 执行【视图】/【透视网格】/【一点透视】/【一点正常视图】命令，即可把当前的两点
   透视图转换为如图 6-4 所示的一点透视图。

4. 执行【视图】/【透视网格】/【三点透视】/【三点正常视图】命令，即可把当前的一点
   透视图转换为如图 6-5 所示的三点透视图。

图6-4　一点透视图

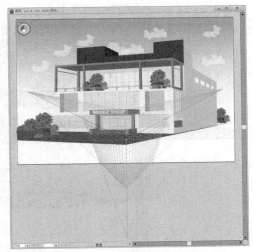

图6-5　三点透视图

下面来学习透视网格的调整操作。

5. 接上例。该效果图是两点透视图，所以需要先把网格设置成两点透视网格。执行【视
   图】/【透视网格】/【两点透视】/【两点正常视图】命令，可把当前的三点透视图转换
   为两点透视图，如图 6-6 所示。

6. 下面来调整透视网格，使网格适合当前效果图的透视。在地平线的控制点上按下鼠标
   左键向右拖动，将透明网格整体移动位置，如图 6-7 所示。

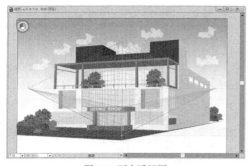

图6-6　两点透视图

图6-7　整体移动网格位置

7.　在水平线的控制点上按下鼠标左键并向下拖动，调整水平线的位置，如图 6-8 所示。

8.　在网格的垂直高度上按下鼠标左键并向下拖动，使网格的高度和建筑物的高度持平，如图 6-9 所示。

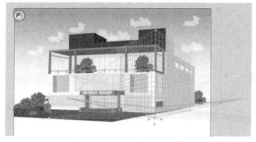

图6-8　调整水平线的位置

图6-9　调整垂直高度

9.　分别拖动左右两侧消失点的位置，使透视网格和建筑物平行，如图 6-10 所示。

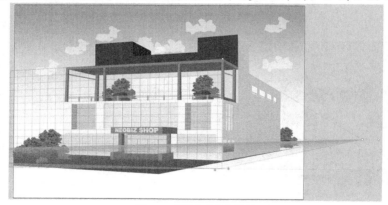

图6-10　网格与建筑物平行

10.　按 Shift+Ctrl+S 组合键，将文件命名为 "透视网格练习.ai" 并保存，关闭该文件。

6.1.2　范例解析——在透视网格中绘制图形

下面学习如何在透视网格中绘制透视图形。

1.　执行【文件】/【新建】命令，建立新文件，然后添加如图 6-11 所示的三点透视网格。

2.　在地平线上按下鼠标左键并向上拖动，移动透视网格到页面中，如图 6-12 所示。

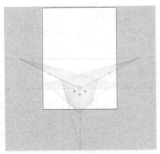

图6-11 添加的透视网格

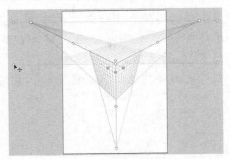

图6-12 移动透视网格

3. 向上拖动网格垂直高度点，将网格变矮，如图 6-13 所示。
4. 向右拖动左侧的消失点，调整网格的透视，如图 6-14 所示。

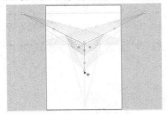

图6-13 调整透视网格高度

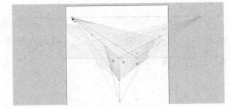

图6-14 调整消失点

5. 选择▣工具，将鼠标指针移动到如图 6-15 所示的网格点位置。
6. 按下鼠标左键并向左边网格的对角线方向拖动绘制透视矩形，如图 6-16 所示。

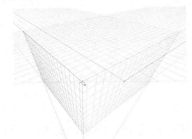

图6-15 鼠标光标位置

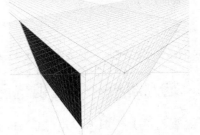

图6-16 绘制的透视图形

7. 双击▣工具，打开"渐变"面板，给图形填充如图 6-17 所示的由白色到绿色的渐变颜色。
8. 在创建了透视网格之后，默认的【透视面切换构件】中左侧面为编辑面，显示蓝色。
9. 选择▦工具，单击右边的面，将透视网格的右侧面设置为可编辑面，颜色显示橘红色，如图 6-18 所示。

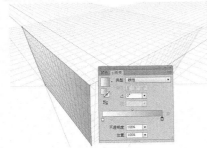

图6-17 填充渐变颜色

图6-18 设置右侧面可编辑状态

10. 在透视网格的右侧面中，利用▣工具绘制透视矩形，如图 6-19 所示。

11. 单击下边的水平网格面，将透视网格的顶面设置为可编辑面，颜色显示绿色，如图 6-20 所示。

12. 在透视网格的顶面中，利用▣工具绘制透视矩形，如图 6-21 所示。

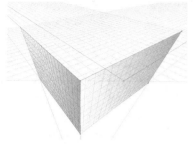
图6-19　绘制的透视矩形

图6-20　设置水平网格

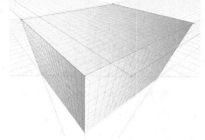
图6-21　绘制的透视矩形

13. 选择▦工具，在【透视面切换构件】中单击如图 6-22 所示的位置，隐藏透视网格，绘制的透视图形如图 6-23 所示。

图6-22　单击位置

图6-23　绘制完成的立方体

14. 按 Ctrl+S 组合键，将文件命名为"立方体.ai"并保存。

6.1.3　范例解析——透视选区工具应用

【透视选区】工具▣与▸工具的使用方法相同，都可以完成对图形的选择、移动、复制、大小调整等操作，其不同点是利用▣工具在对图形操作时，是在透视网格内进行的，在对图形移动位置、复制后，图形会保持相应的透视。下面以范例的形式来学习▣工具的应用方法。

1. 启动 Illustrator CS6 软件，按照默认的参数建立一个横向画板文件。

2. 利用▦工具创建如图 6-24 所示的两点透视网格。

3. 利用▣工具在透视网格中绘制矩形，如图 6-25 所示。

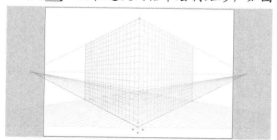
图6-24　添加的透视网格

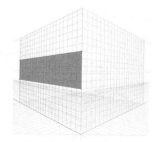
图6-25　绘制的矩形

4. 选择【透视选区】工具 ，按住 Alt 键，向上拖动矩形，这样可以复制矩形，得到的矩形保持相同的透视，如图 6-26 所示。

5. 释放鼠标左键后，移动复制出的矩形如图 6-27 所示。

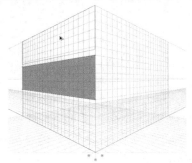

图6-26 移动复制矩形

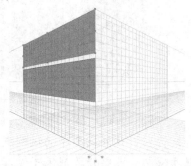

图6-27 移动复制出的矩形

6. 使用相同的复制操作，再向下复制出一个透视矩形，如图 6-28 所示。

7. 在【透视面切换构件】中单击右边的面，将透视网格的右侧面设置为可编辑面，然后再绘制出如图 6-29 所示矩形。

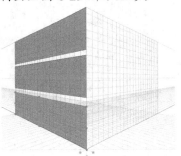

图6-28 移动复制出的矩形

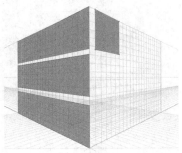

图6-29 绘制的矩形

8. 选择【透视选区】工具 ，按住 Alt 键，向右移动复制出如图 6-30 所示的矩形。

9. 按住 Shift 键，将 3 个矩形同时选择，再按住 Alt 键，向下移动复制出如图 6-31 所示的矩形。

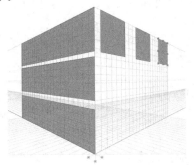

图6-30 移动复制出的矩形

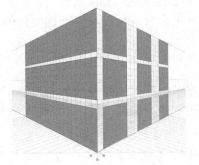

图6-31 移动复制出的矩形

10. 利用 T 工具，输入如图 6-32 所示的黄色文字。

11. 选择【透视选区】工具 ，拖动文字到透视网格中，文字产生透视，效果如图 6-33 所示。

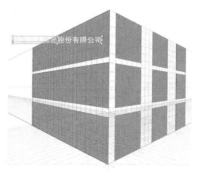

图6-32　输入的文字

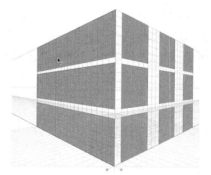

图6-33　文字透视形态

12. 将鼠标指针放置到文字的控制点上，指针变为 ▶ 形状。按住 Shift 键，同时按住鼠标左键并拖动，可以将透视文字等比例缩小或放大，如图 6-34 所示。

13. 按住 Alt 键，再向下复制出 3 行文字，然后关闭透视网格，制作的透视图形及文字效果如图 6-35 所示。

图6-34　放大后的文字

图6-35　透视图形及文字效果

14. 按 Ctrl+S 组合键，将文件命名为"透视图形及文字.ai"并保存。

6.2　符号工具

在 Illustrator CS6 软件中，符号是指保存在【符号】面板中的图形，这些图形可以在当前文件中多次应用，且不增加文件的大小。

6.2.1　功能讲解

本节讲解有关符号的各项功能，包括【符号】面板的使用、符号的创建和编辑等。

一、　【符号】面板

执行【窗口】/【符号】命令，打开如图 6-36 所示的【符号】面板。利用该面板不仅可以保存符号，还能够完成应用、创建、复制、替换、重定义及删除符号等多种操作。

二、　应用符号

要将【符号】面板中的图形应用于页面中，方法有 4 种。

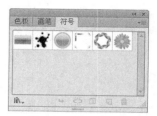

图6-36　【符号】面板

124

(1) 直接将选择的符号图形拖曳至页面中。

(2) 在【符号】面板中选择需要的符号图形，然后单击其下方的【置入符号实例】按钮 ⬚。

(3) 在【符号】面板中选择需要的符号图形后，单击面板右上角的 ⬚ 按钮，在弹出的下拉菜单中选择【放置符号实例】命令。

(4) 在【符号】面板中选择需要的符号图形后，利用【符号喷枪】工具 ⬚，在页面中单击或拖曳鼠标即可。

三、创建符号

在 Illustrator CS6 中可以将经常使用的图形创建为符号，以方便随时调用。要创建符号只须在页面中选择要创建的图形，然后在【符号】面板中单击【新建符号】按钮 ⬚，或单击面板右上角的 ⬚ 按钮，在弹出的下拉菜单中选择【新建符号】命令即可。

> **要点提示** 在页面中选择要创建符号的图形，然后将其向【符号】面板中拖曳，当鼠标指针显示为 "⬚" 图标时释放鼠标按键，也可将当前选择的图形创建为符号，保存到【符号】面板中。

四、复制符号

在【符号】面板中选择需要复制的图形，然后选择其下拉菜单中的【复制符号】命令，或单击该面板右下角的 ⬚ 按钮，即可在【符号】面板中生成该图形的副本。另外，在需要复制的图形上按下鼠标左键并将其拖曳至 ⬚ 按钮处，释放鼠标左键后也可以生成该图形的副本。

五、替换符号

对于在页面中应用的符号，在需要的情况下，也可以将其替换为另一种符号，其操作为：在页面中选择需要替换的图形，然后在【符号】面板中选择另外一种符号，单击面板右上角的 ⬚ 按钮，在弹出的下拉菜单中选择【替换符号】命令即可。图 6-37 所示为替换符号的过程示意图。

 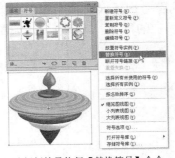 

选择需要替换的图形　　选择新符号执行【替换符号】命令　　符号替换后的效果

图6-37　替换符号的过程示意图

六、重新定义符号

在 Illustrator CS6 中，可以对保存在【符号】面板中的图形进行重新定义。当【符号】面板中的图形改变后，应用于页面中的图形也将随之发生相应的变化。重新定义符号的具体操作如下。

(1) 在【符号】面板中选择需要修改的符号图形。

(2) 单击面板底部的 ▣ 按钮，将其应用于页面中。

(3) 单击面板底部的【断开符号链接】按钮 ▣，取消图形的链接。

(4) 对图形进行修改，修改后，确认此图形处于被选择的状态，在面板的下拉菜单中选择【重新定义符号】命令，即可将符号图形进行重定义。此时，页面中应用此图形的对象都将发生相应的变化。

要点提示 将【符号】面板中的图形应用于页面中后，在其上单击鼠标右键，在弹出的快捷菜单中选择【断开符号链接】命令，或单击【符号】面板底部的 ▣ 按钮，可将符号图形的链接取消。

七、 删除符号

在【符号】面板中选择需要删除的图形，然后选择其下拉菜单中的【删除符号】命令，或单击面板右下角的【删除符号】按钮 ▣，即可将选择的符号图形删除。在【符号】面板中拖曳符号到 ▣ 按钮上，释放鼠标左键后也可以将该符号图形删除。

八、 【符号喷枪】工具

使用工具箱中的【符号喷枪】工具可以在页面中喷绘出大量无序排列的符号图形，并可根据需要对这些符号图形进行编辑。工具箱中的【符号喷枪】工具组如图 6-38 所示。

图6-38 【符号喷枪】工具组

(1) 【符号喷枪】工具 ▣。

利用此工具可以在页面中喷射【符号】面板中选择的符号图形。

(2) 【符号移位器】工具 ▣

利用此工具可以在页面中移动应用的符号图形。图 6-39 所示为利用此工具将符号图形移动前与移动后的效果对比。

要点提示 在使用此工具时，如按住 Shift 键单击某一个符号图形，可以将其移动到所有图形的最上层；如按住 Shift+Alt 组合键单击某一个符号图形，可以将其移动到所有图形的最下层。

(3) 【符号紧缩器】工具 ▣。

利用此工具可以将页面中的符号图形向指针所在的点聚集。在使用该工具时，如按住 Alt 键，可使符号图形远离指针所在的位置，其形态分别如图 6-40 所示。

图6-39 将符号图形移动前后的对比

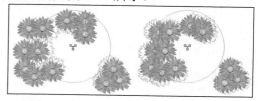

图6-40 使用【符号缩紧】工具时的不同形态

(4) 【符号缩放器】工具 ▣。

利用此工具可以在页面中调整符号图形的大小。直接在选择的符号图形上单击，可放大图形；如按住 Alt 键在选择的符号图形上单击，可缩小图形。图 6-41 所示为调整符号图形大小后的效果。

(5) 【符号旋转器】工具 ▣。

利用此工具可以在页面中旋转符号图形，图 6-42 所示为旋

图6-41 调整符号大小后的效果

转符号图形的过程示意图。

选择的符号图形　　　　　　　拖曳鼠标时的形态　　　　　　符号图形旋转后的形态

图6-42　旋转符号图形的过程示意图

(6)　【符号着色器】工具 。

利用此工具可以用前景色修改页面中符号图形的颜色。图 6-43 所示为分别设置不同的前景色，然后对符号图形进行修改后的效果对比。

(7)　【符号滤色器】工具 。

利用此工具可以将页面中的符号图形降低透明度。图 6-44 所示为符号图形与降低透明度后的效果对比。

图6-43　符号图形修改颜色前与修改后的效果对比　　　　图6-44　选择的符号图形与降低透明度后的效果对比

要点提示　在使用此工具时，将鼠标指针放置在符号图形上按下鼠标左键停留的时间越长，则符号图形越透明。如在使用此工具的同时按住 Alt 键，可以恢复符号图形的透明度。

(8)　【符号样式器】工具 。

利用此工具可以将页面中的符号图形应用【图形样式】面板中选择的样式。图 6-45 所示为选择的符号图形与应用样式后的效果。在使用此工具时，如按住 Alt 键，可取消符号图形应用的样式。

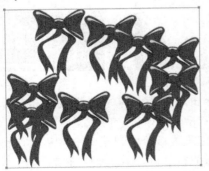

图6-45　选择的符号图形与应用样式后的效果对比

6.2.2 范例解析——绘制贺卡

下面通过绘制如图 6-46 所示的贺卡来讲解符号的使用方法。

1. 启动 Illustrator CS6 软件，新建一个文档。
2. 利用 ▦ 工具在页面中绘制一个矩形，填充颜色为褐色（C:40,M:90,Y:100,K:5），然后再利用 ▣ 工具在褐色矩形上绘制一个黑色的圆角矩形，如图 6-47 所示。
3. 单击 ▦ 工具，在黑色的圆角矩形上面添加网格，选择网格点，然后将填充色设置为灰色（K:70），填充颜色后的效果如图 6-48 所示。

图6-46 绘制的贺卡

图6-47 绘制的图形

图6-48 填充灰色效果

4. 在填充好的圆角矩形上面再绘制一个黑色的圆角矩形，如图 6-49 所示。
5. 利用 ▱ 工具和 ↖ 工具绘制出如图 6-50 所示的图形，填充颜色为淡黄色（C:14,Y:45）。
6. 利用 ▱ 工具、↖ 工具和 ▦ 工具，绘制并调整出如图 6-51 所示的花盆图形。

图6-49 绘制的图形

图6-50 绘制的图形

图6-51 绘制的花盆

7. 单击【符号】面板右上角的 ▾≡ 按钮，在弹出的下拉菜单中选择【打开符号库】/【花朵】命令，弹出【花朵】面板，如图 6-52 所示。
8. 利用 ▣ 工具在【花朵】面板中选择不同的花朵图形绘制到花盆中，然后再利用 ▣ 工具把绘制的花朵加以缩小、放大，使整体效果显得饱满，效果如图 6-53 所示。
9. 选择符号库中的【绚丽矢量包】命令，在弹出的【绚丽矢量包】对话框中选择如图 6-54 所示的符号。

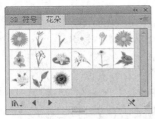

图6-52 【花朵】面板

图6-53 绘制的花朵

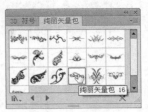

图6-54 选择的符号

10. 将选择的符号拖曳到花盆上面，并单击鼠标右键，在弹出的快捷菜单中选择【断开符号链接】命令，将符号进行转换调整后填充淡绿色（C:14,Y:45）并放置到如图 6-55 所示位置。

11. 选择符号库中的【庆祝】命令，在弹出的【庆祝】面板中选择"焰火"，将其拖曳到画面中，效果如图 6-56 所示。

12. 利用🔲工具和🔲工具对焰火进行编辑、调整，效果如图 6-57 所示。

图6-55 放置的图形

图6-56 火焰符号

图6-57 编辑后的火焰

13. 利用🔲工具和🔲工具对焰火进行角度旋转和着色，效果如图 6-58 所示。

14. 选择 T 工具，在画面下边缘位置输入 "HAPPYBIRTHDAY" 英文，字体为 "Bonnet"。

15. 选择褐色的矩形，然后执行【效果】/【风格化】/【涂抹】命令，在弹出的【涂抹选项】对话框中设置各项参数如图 6-59 所示。单击 [确定] 按钮，效果如图 6-60 所示。

图6-58 旋转角度及着色效果

图6-59 【涂抹选项】对话框

图6-60 涂抹效果

16. 执行【效果】/【风格化】/【投影】命令，在弹出的【投影】对话框中设置各项参数如图 6-61 所示。单击 [确定] 按钮，投影效果如图 6-62 所示。

17. 利用🔲工具在画面的右上角绘制一个白色的圆形，然后执行【对象】/【路径】/【分割下方对象】命令，会得到一个分割后的图形，将该图形删除得到如图 6-63 所示的效果。

图6-61 【投影】对话框

图6-62 投影效果

图6-63 分割后的效果

18. 利用 ✐ 工具绘制一条如图 6-64 所示的曲线，填充颜色为红灰色（C:19,M:59,Y:58）。

19. 在【庆祝】面板中将"王冠"和"蛋糕"符号依次拖曳到画面中。然后利用 [T] 工具在画面中输入文字，填充色为淡黄色（Y:30），效果如图 6-65 所示。

图6-64 绘制的曲线

图6-65 符号与文字

20. 至此，生日贺卡制作完成，按 [Ctrl]+[S] 组合键，将文件命名为"生日贺卡.ai"并保存。

6.2.3 课堂实训——绘制艺术相框

本节通过绘制如图 6-66 所示的艺术相框，练习所学符号并熟练掌握画笔工具的使用及编辑方法。

【步骤提示】

1. 在【庆祝】符号面板中将如图 6-67 所示的符号拖曳到页面中。

2. 选择【自由变换】工具 ▦ ，将"蝴蝶结"符号在垂直方向上拉伸变形。

3. 打开【色板】面板，将调整后的"蝴蝶结"符号拖曳到【色板】面板中，将其创建为图案色板，如图 6-68 所示。

图6-66 艺术相框效果

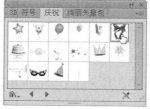

图6-67 选择的符号

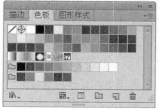

图6-68 创建的图案色板

4. 将【庆祝】面板中如图 6-69 所示的"五彩纸屑"符号拖曳到页面中，然后将其调整大小后拖曳到【色板】面板中，创建为图案色板。

5. 将页面中的符号删除，然后按 F5 键，打开【画笔】面板，并单击面板底部的 按钮，在弹出的【新建画笔】对话框中设置选项如图 6-70 所示。

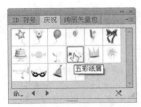

图6-69 选择的符号

图6-70 【新建画笔】对话框

6. 单击 确定 按钮，在弹出的【图案画笔选项】对话框中选择"新建图案色板 2"，将其定义为笔刷，再单击面板上方的【外角拼贴】按钮，然后选择"新建图案色版 1"，将其定义为笔刷，如图 6-71 所示。

图6-71 【图案画笔选项】对话框

7. 单击 确定 按钮，完成笔刷的定义。此时，所定义的笔刷将显示在【画笔】面板中，如图 6-72 所示。

8. 在页面中绘制一个矩形，然后将其填充色设置为黄绿色（C:16,Y:47），描边样式设置为定义的笔刷，描边宽度设置为"1 pt"，效果如图 6-73 所示。

9. 选择【圆角矩形】工具，在页面中绘制一个圆角矩形。

10. 将圆角矩形和矩形同时选择，再执行【窗口】/【对齐】命令，打开【对齐】面板，依次在面板中单击 按钮和 按钮，将选择的图形居中对齐，效果如图 6-74 所示。

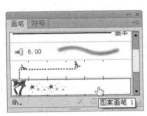

图6-72 定义的笔刷　　　　图6-73 绘制的图形　　　　图6-74 对齐后的图形效果

131

11. 执行【文件】/【置入】命令，将"图库\第 06 章"目录下名为"儿童.jpg"的文件置入，如图 6-75 所示。

12. 调整圆角矩形与置入图片的上下位置，执行【对象】/【剪切蒙版】/【建立】命令，创建蒙版，完成相框的制作，其整体效果如图 6-76 所示。

图6-75　图片放置的位置

图6-76　制作完成的相框

13. 按 Ctrl+S 组合键，将此文件命名为"制作相框.ai"并保存。

6.3　图表工具

创建图表包括设定图表的长度和宽度以及创建图表数据。图表的长度和宽度用来确定图表的范围，控制图表的大小。数据是图表的灵魂，用来进行图表数据比较。

6.3.1　功能讲解

本节介绍图表的分类、创建和编辑等操作。

一、图表的分类

在 Illustrator CS6 中共包括 9 种图表工具，每种图表都有自身的优越性，用户可以根据不同的需要选择相应的工具。下面对工具箱中的图表工具分别进行讲解。

(1)【柱形图】工具 。

柱形图表是最基本的图表表示方法，它以坐标轴的方式，逐栏显示输入的所有数据资料，柱的高度代表所比较的数值，柱的高度越高，所代表的数值就越大，其主要优点是可以直接读出不同形式的统计数值，如图 6-77 所示。

(2)【堆积柱形图】工具 。

此类型的图表同柱形图表类似，不同之处是所要比较的数值叠加在一起，而不是并排放置的，此类图表一般用来反映部分与整体的关系，如图 6-78 所示。

(3)【条形图】工具 。

此类型的图表与柱形图表的本质是一样的，只是它是在水平坐标轴上进行数据比较，用横条的长度代表数值的大小，如图 6-79 所示。

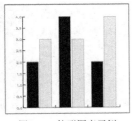

图6-77　柱形图表示例

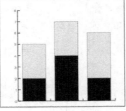

图6-78　堆积柱形图表示例

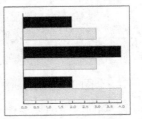

图6-79　条形图表示例

(4)　【堆积条形图】工具 ▣。

此图表工具与条形图表类似，不同之处是所要比较的数值叠加在一起，如图6-80所示。

(5)　【折线图】工具 ▨。

表示一组或者多组数据，并用折线将代表同一组数据的所有点进行连接，不同组的折线颜色不相同，如图6-81所示。用此类型的图表来表示数据，便于表现数据的变化趋势。

(6)　【面积图】工具 ▨。

此类图表与折线图表类似，只是在折线与水平坐标之间的区域填充不同的颜色，便于比较整体数值上的变化，如图6-82所示。

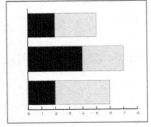

图6-80　堆积条形图表示例

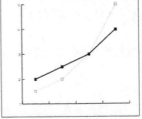

图6-81　折线图表示例

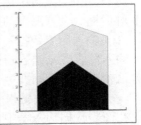

图6-82　面积图表示例

(7)　【散点图】工具 ▥。

此类图表的 x 轴和 y 轴都为数据坐标轴，在两组数据的交汇处形成坐标点，并由线段将这些点连接。使用这种图表，也可以反映数据的变化趋势，如图6-83所示。

(8)　【饼图】工具 ◕。

此类图表的外形是一个圆形，圆形中的每个扇形表示一组数据。应用此类图表便于表现每组数据所占的百分比，百分比越高，所占的面积就越大，如图6-84所示。

(9)　【雷达图】工具 ◉。

此类图表是以一种环形方式显示各组数据以便进行比较，如图6-85所示。

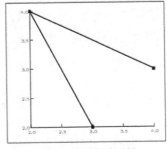

图6-83　散点图表示例

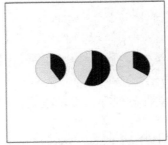

图6-84　饼形图表示例

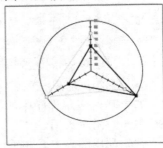

图6-85　雷达图表示例

在饼形图表上，可以使用【编组选择】工具 选择其中的一组数据，将它拉出该图表，以达到特别的加强效果。雷达图表和其他图表不同，它经常被用于自然科学上，一般情况下不常见。

二、 图表的创建

创建图表包括设定图表的长度和宽度以及创建图表数据。下面就对这两部分内容分别进行介绍。

(1) 设定图表的长度和宽度。

在创建图表之前，首先要确定需要创建的图表类型，选择相应的工具后在页面中按下鼠标左键，拖曳出一个矩形框，该矩形框的长度和宽度即为图表的长度和宽度，释放鼠标左键将弹出图表数据输入框。在图表数据输入框中输入相应的图表数据，然后单击右上角的 按钮，即可创建相应的图表。

在拖曳鼠标指针的过程中，按住 Shift 键，拖曳出的矩形框为正方形，创建的图表长度与宽度值相等。创建时，按住 Alt 键，将从矩形的中心向外扩张，即起点为图表的中心。

另外，在工具箱中选择相应的图表工具后，将鼠标指针移动到页面中单击，将弹出【图表】对话框，设置图表的长度和宽度值后同样会弹出图表数据输入框。

(2) 输入图表数据。

输入图表数据是创建图表过程中尤为关键的一个环节，在 Illustrator CS6 中可以通过 3 种方法输入图表数据。

● 利用图表数据输入框输入数据。

在图表数据输入框中，第一排左侧的文本框为数据输入框，一般图表的数据都在此文本框中输入。图表数据输入框中的每一个方格就是一个单元格，在实际的操作过程中，单元格内既可以输入图表数据，也可以输入图表标签和图例名称。

图表标签和图例名称是组成图表的必要元素，一般情况下需要先将标签和图例名称输入，然后在与其对应的单元格内输入数据，数据输入完毕后单击 按钮，即可创建相应的图表。

输入数据时，按 Enter 键，光标会跳到同列的下一个单元格。按 Tab 键，光标会跳到同行的下一单元格。利用方向键可以使光标在图表数据输入框中向任意方向移动。单击任意一个单元格即可将该单元格激活。在输入标签或图例名称时，如果标签和图例的名称是由单纯的数字组成的，如输入年份、月份等而不输入其单位时，则需要为其添加引号或括号，以免系统将其与图表数据混淆。

如想按 Enter 键将光标转到同列的下一个单元格，此时按的 Enter 键不能为数字区中的 Enter 键，数字区中的 Enter 键是确认整个图表数据输入的，即按此键后系统会根据图表数据输入框中的数据自动在页面中生成图表，不需要单击 按钮。

● 在其他应用程序中导入数据。

如果其他应用程序中的数据文件被保存为文本格式，则可以将该文件导入到 Illustrator CS6 中作为图表数据。

首先利用图表工具在页面中创建一个图表，然后在弹出的图表数据输入框中单击右侧的【导入数据】按钮 ，并在弹出的【输入图表数据】对话框中选择需要导入的文件，即可将数据导入图表数据输入框中。

在实际的工作过程中也可以将图表中需要的数据先输入到记事本中，然后在图表数据输入框中直接调用。在导入的文本文件中，数据之间必须用制表符加以分隔，并且行与行之间用回车符分隔。

- 在其他应用程序中复制数据。

利用复制、粘贴的方法，可以在某些电子表格或文本文件中复制需要的数据，其具体步骤与复制文本文件完全相同。首先选择数据，执行【编辑】/【复制】命令，将图表数据输入框调出，利用鼠标选择数据粘贴的单元格，再执行【编辑】/【粘贴】命令即可，如需要复制的数据很多，可依次执行复制和粘贴命令，直至完成。

三、 编辑图表

图表制作完成后，还可以利用图表数据输入框对其进行修改。

首先利用【选择】工具 ![arrow] 选择需要修改的图表，执行【对象】/【图表】【数据】命令，此时系统会弹出图表数据输入框，在此输入框中重新设置图表数据即可对选择的图表进行修改。

在图表数据输入框上方，除了【导入数据】按钮 ![icon] 与【应用】按钮 ![icon] 以外，还有【换位行/列】按钮 ![icon]、【切换 x/y】按钮 ![icon]、【单元格样式】按钮 ![icon] 和【恢复】按钮 ![icon]，利用这些按钮也可以对图表进行调整，其功能如下。

- 【换位行/列】按钮 ![icon]：单击该按钮，可以将行与列中的数据进行调换。
- 【切换 x/y】按钮 ![icon]：只有选择散点图表方式时此按钮才可用。当选择一个散点图表并单击此按钮以后，可以将散点图表的 x 轴与 y 轴调换。
- 【单元格样式】按钮 ![icon]：单击此按钮，将会弹出如图 6-86 所示的【单元格样式】对话框。其中【小数位数】选项用来控制输入数据的小数点位数；【列宽度】选项用来设置单元格的宽度。
- 【恢复】按钮 ![icon]：单击此按钮，可使数据输入框中的数据恢复到初始状态，即打开数据输入框时的状态。

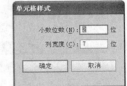

图6-86 【单元格样式】对话框

6.3.2 范例解析——创建图表

本案例灵活运用图表工具来创建一个如图 6-87 所示的土地面积调查统计表。

1. 启动 Illustrator CS6 软件，新建一个文档。
2. 选择 ![icon] 工具，在页面中单击鼠标左键，弹出【图表】对话框，其参数设置如图 6-88 所示。

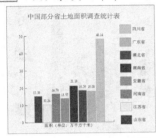

图6-87 土地面积调查统计表

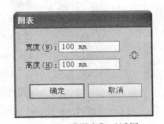

图6-88 【图表】对话框

3. 单击 确定 按钮，弹出如图 6-89 所示的图表数据输入框，并在页面中自动生成如图

6-90 所示的图形。

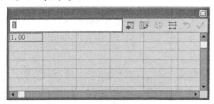

图6-89　图表数据输入框

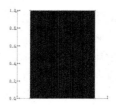

图6-90　生成的图形

4.　在图表数据输入框左上角的文本框中，选择数字"1"，按 Delete 键将其删除。

5.　单击选择一个单元格，被选择的单元格将显示黑色边框。图 6-91 所示为被选择的单元格显示形态。

6.　选择单元格，在图表数据输入框左上角的文本框中输入文字"山东省"，如图 6-92 所示。

图6-91　被选择的单元格形态

图6-92　输入的文字

7.　单击 ✓ 按钮，确定文字的输入。用同样的方法，再次选择其他单元格，然后分别输入其他省市的名称，如图 6-93 所示。

8.　在下面一行的单元格中输入数据，如图 6-94 所示。

图6-93　输入的文字

图6-94　输入的数据

9.　数据输入完成后，按 Enter 键确认，然后单击图表数据输入框右上角的 ⊠ 按钮，将图表数据输入框关闭。此时，在页面中将显示如图 6-95 所示的柱形图统计表。

10.　选择 ⯅ 工具，在柱形统计表外的页面中单击，取消对统计表的选择。

11.　在统计表右侧图例中最下面的黑色色块上单击两次，将其与柱形统计表中相同色值的黑色色块一起选择，如图 6-96 所示。

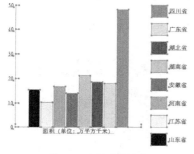

图6-95　创建的统计表

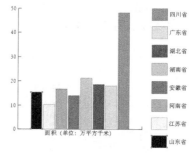

图6-96　选择图形

12.　将选择的色块填充为红色（M:100,Y:100），效果如图 6-97 所示。

13.　用同样的方法将其他色块分别填充上不同的颜色，效果如图 6-98 所示。

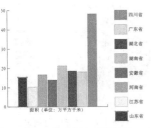

图6-97 填充颜色后的效果

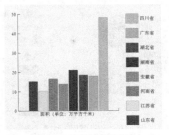

图6-98 分别填充的颜色

14. 选择 T 工具，在柱形统计表中输入文字和数字，如图 6-99 所示。
15. 选择 ▭ 工具，绘制一个矩形，填充为淡蓝色（C:17,Y:7），然后执行【对象】/【排列】/【置于底层】命令，将绘制的矩形放置在最下面，完成统计表的制作，整体效果如图 6-100 所示。

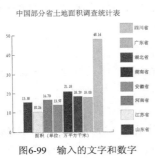

图6-99 输入的文字和数字

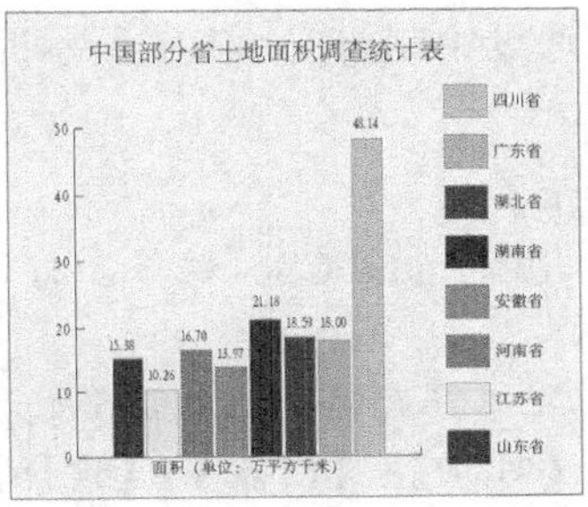

图6-100 绘制完成的统计表

16. 执行【文件】/【存储】命令，将文件命名为“土地面积统计表.ai”并保存。

6.3.3 课堂实训——创建期末考试成绩分析图

通过对统计表工具的学习，来绘制如图 6-101 所示的期末考试成绩统计表。

【步骤提示】

1. 选择 ◕ 工具，在页面中拖曳鼠标指针确定统计表的大小，释放鼠标左键，此时将弹出图表数据输入框。在图表数据输入框中输入科目及分数，如图 6-102 所示。

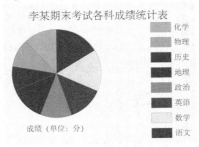

图6-101 期末考试成绩统计表

78

	语文	数学	英语	政治	地理	历史	物理	化学
成绩（单位：分）	109.00	103.00	85.00	76.00	86.00	58.00	69.00	78.00

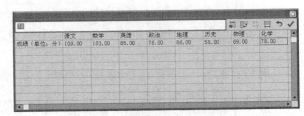

图6-102 输入科目和分数

2. 关闭图表数据输入框，在页面中将按照输入的数据出现饼形统计表，如图 6-103 所示。
3. 利用 ↖ 工具选择图形后，分别给图形填充上不同的颜色，然后利用 T 工具在饼形统计表中输入文字，统计表形态如图 6-104 所示。

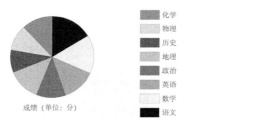

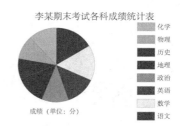

图6-103　生成的饼形统计表

图6-104　填充颜色效果

4. 利用▣工具在统计表下面绘制一个矩形，填充上淡黄色（Y:20）。
5. 按 Ctrl+S 组合键，将此文件命名为"成绩统计表.ai"并保存。

6.4　综合案例——定义图形创建统计表

本节通过绘制如图 6-105 所示的统计表，综合练习本章所学习的图表工具的使用方法和技巧。

【步骤提示】

1. 启动 Illustrator CS6 软件，打开附盘中"图库\第 06 章"目录下的"人物图形.ai"文件。
2. 利用▶工具选择如图 6-106 所示的图形。
3. 执行【对象】/【图表】/【设计】命令，弹出【图表设计】对话框，如图 6-106 所示。
4. 单击 新建设计(N) 按钮，此时对话框左侧的灰色矩形框中出现"新建设计"文字，如图 6-107 所示。
5. 单击 重命名(R) 按钮，在弹出的【图表设计】对话框中输入名称"男生"。

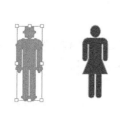

图6-105　选择图形　　　　图6-106　【图表设计】对话框　　　　图6-107　【图表设计】对话框

6. 单击 确定 按钮，关闭重命名对话框，继续单击 确定 按钮，关闭【图表设计】对话框。
7. 用同样的方法将画板中的另一个女生图形也创建为"图表设计"，并重命名为"女生"，然后将图形选中并删除。
8. 选择【柱形图】工具▦，在画板中用拖动鼠标指针的方式确定图表的大小，释放鼠标左键后弹出图表数据输入框，输入数据，如图 6-108 所示。
9. 单击图表数据输入框右上角的【应用】按钮✔，将数据应用到图表中，应用数据后的图表如图 6-109 所示。然后单击【关闭】按钮❌，关闭图表数据输入框。

	男生	女生
一班	22.00	18.00
二班	25.00	17.00
三班	15.00	30.00
四班	32.00	12.00

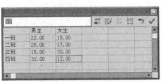

图6-108 “图表数据输入框”

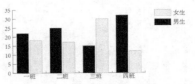

图6-109 应用数据后的图表

10. 将图标选中，执行【对象】/【图表】/【柱形图】命令，弹出【图表列】对话框，在【选取列设计】栏中选择“男生”，然后设置其他选项和参数如图 6-110 所示。
11. 单击 确定 按钮，利用“男生”图形创建图表列后的图表如图 6-111 所示。

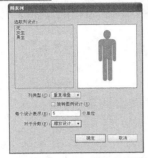

图6-110 【图表列】对话框

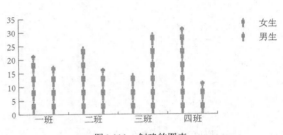

图6-111 创建的图表

12. 选择工具，在图表以外的地方单击鼠标左键，取消图表的选中状态。
13. 利用工具连续单击 4 次女生文字左边的图形，选择如图 6-112 所示的图形。执行【对象】/【图表】/【柱形图】命令，在弹出的【图表列】对话框中设置选项和参数如图 6-113 所示。

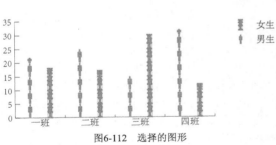

图6-112 选择的图形

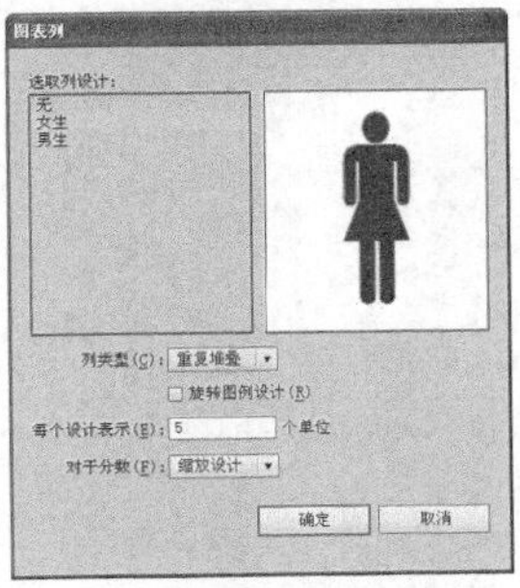

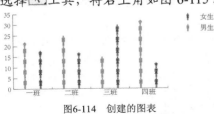

图6-113 “图表列”对话框

14. 单击 确定 按钮，此时的图表形态如图 6-114 所示。
15. 选择工具，将右上角如图 6-115 所示的图形和文字选择。

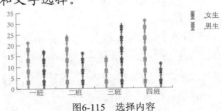

图6-114 创建的图表

图6-115 选择内容

16. 将选择的图形和文字向左移动，如图 6-116 所示。
17. 选择工具，绘制一个灰色（K:10）矩形，并按 Ctrl+Shift+[组合键将其置于底层，效果如图 6-117 所示。

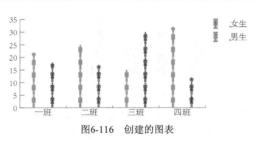

图6-116　创建的图表

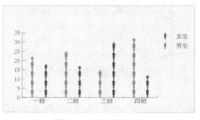

图6-117　绘制的矩形

18. 选择【文字】工具 T ，输入如图 6-118 所示的文字。

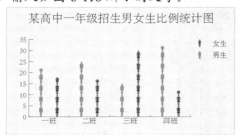

图6-118　输入文字

19. 按 Shift + Ctrl + S 组合键，将文件命名为"定义图形创建图表.ai"并保存。

6.5　课后作业

1. 结合本章所学习的内容，用【折线图】工具 ⬈ 绘制如图 6-119 所示的手机销售量统计表。

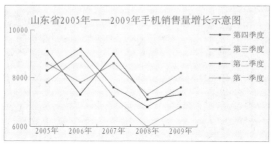

图6-119　手机销售量统计表

【步骤提示】

(1) 选择 ⬈ 工具，在页面中拖曳鼠标指针，在弹出的图表数据输入框输入数据，如图 6-120 所示。

(2) 关闭图表数据输入框，此时页面中将按照输入的数据出现折线统计表，如图 6-121 所示。

图6-120　输入数据

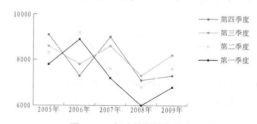

图6-121　创建的折线统计表

(3) 利用 工具选择图表的折线，将填充色设置为蓝色（C:100,M:100），效果如图 6-122 所示。

(4) 再将其他折线修改为不同的颜色以便区分（颜色可自行定义），效果如图 6-123 所示。

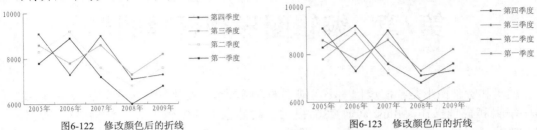

图6-122 修改颜色后的折线　　　　　图6-123 修改颜色后的折线

(5) 利用 ⊤ 工具在统计表上方输入文字，并利用 ▢ 工具绘制一个矩形，填充颜色为淡绿色（C:11,Y:17）。

(6) 按 Ctrl+S 组合键，将此文件命名为"手机销售量统计.ai"并保存。

2. 甲、乙两单位的年产量比较：甲、乙两单位 2000 年、2001 年、2002 年、2003 年的年产量分别为 200 和 150、220 和 200、250 和 250、300 和 320。根据这些数据，要求读者动手绘制如图 6-124 所示的年产量统计表。

3. 利用【折线图】工具 📈 绘制如图 6-125 所示的汽车产量统计图表。

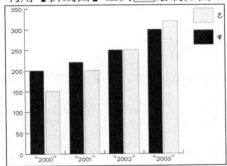

图6-124 甲、乙两单位的年产量统计表

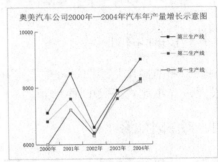

图6-125 汽车产量示意统计图表

第7章 编辑图形和管理图形

编辑和管理图形是绘图过程中不可缺少的重要环节，几乎每一幅作品的绘制都要进行图形的编辑和管理操作。Illustrator CS6 提供了功能强大的编辑工具，包括图形的旋转、镜像、扭曲、缩放、倾斜、变形、扭曲、缩拢、膨胀、扇形、晶格、皱褶、自由变换、擦除、裁剪等。用户可以利用这些工具任意改变图形的位置、角度和形状，还可以对图形进行裁剪等操作处理。本章将重点介绍这些编辑和管理图形工具的功能。

【学习目标】

- 掌握各种图形编辑工具的使用方法。
- 掌握变形工具的使用方法。
- 掌握形状生成器工具和其他工具的使用方法。
- 掌握管理图形工具和命令的使用方法。

7.1 图形编辑工具

编辑图形的操作是绘图过程中不可缺少的，其使用频率非常高。下面通过配合对话框中参数设置，介绍这些工具的强大功能。

7.1.1 功能讲解

变换工具包括【旋转】工具 、【镜像】工具 、【比例缩放】工具 、【倾斜】工具 、【整形】工具 和【自由变换】工具 ，下面分别介绍这几个工具的功能。

一、 【旋转】工具

利用【旋转】工具 可以将被选择的图形围绕固定点旋转，配合 Alt 键，还可以对图形旋转复制。在对图形旋转之前按住 Alt 键，鼠标指针会变为 " " 形状，此时在页面中单击鼠标左键，会弹出【旋转】对话框，利用该对话框可以按照设置的数值来精确地设置旋转图形的角度。

二、 【镜像】工具

利用【镜像】工具 可以将选择的图形按水平、垂直或任意角度进行镜像或镜像复制。与【旋转】工具 工具相同，也可以对【镜像】工具 进行精确控制。在对图形进行镜像操作之前，按住 Alt 键并在页面中单击鼠标左键，或双击工具箱中的【镜像】工具 均会弹出【镜像】对话框，通过该对话框可以指定轴向或角度来镜像图形。

三、 【比例缩放】工具

利用【比例缩放】工具 可对任何图形或其他内容进行缩放。在对图形进行缩放之前，按住 Alt 键在页面中单击鼠标左键，或双击工具箱中的【比例缩放】工具，均会弹出如图 7-1 所示的【比例缩放】对话框，在此对话框中设置适当的参数，可以帮助精确地控制缩放的比例。

在设置了【比例缩放】参数后如果单击 复制(C) 按钮，可以在缩放图形的同时进行复制。利用该操作可以做出许多意想不到的奇妙效果，图 7-2 所示为对一个五角星进行了 8 次 90% 的缩放复制得到的效果。图 7-3 所示为对一个矩形进行了 20 次【水平】值和【垂直】值分别为 90% 和 105% 的缩放复制而得到的效果。

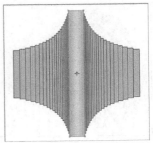

图7-1　【比例缩放】对话框　　　图7-2　五角星等比例缩放复制效果　　　图7-3　矩形不等比例缩放复制效果

> **要点提示**　执行【对象】/【变换】/【再次变换】命令（快捷键为 Ctrl+D 组合键），系统会重复上一次所做的操作。在绘图过程中如果需要连续多次执行同一操作，此命令是非常方便的。

四、　【倾斜】工具

利用【倾斜】工具可以使图形倾斜，配合 Alt 键还可在倾斜的过程中复制图形。在对图形进行倾斜操作之前，按住 Alt 键并在页面中单击鼠标左键，或者双击工具箱中的【倾斜】工具，系统会弹出如图 7-4 所示的【倾斜】对话框，在此对话框中设置适当的参数可以按照精确数值来对图形进行倾斜。

五、　【整形】工具

利用【整形】工具可以在路径上添加锚点或移动锚点的位置从而改变路径或图形的形状。在移动锚点的同时，如果按住 Alt 键，还可以复制图形。

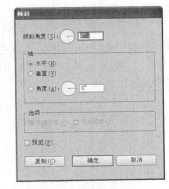

图7-4　【倾斜】对话框

六、　【自由变换】工具

利用【自由变换】工具可以对图形进行多种变换操作，包括缩放、旋转、镜像、倾斜和透视等。

（1）缩放。

在页面中选择需要缩放的图形，然后选择【自由变换】工具，将鼠标指针移动到图形周围变换框的控制点上，当鼠标指针显示为"↕"、"↔"或"⤢"形状时，按下鼠标左键同时拖曳，即可将图形缩放。在将图形进行缩放时，按住 Shift 键，可将图形等比例缩放；按住 Alt 键，可将图形按中心进行缩放。

（2）旋转。

在页面中选择需要旋转的图形，然后选择【自由变换】工具，将鼠标指针移动到图形周围变换框的外侧，当鼠标指针显示为"＂"形状时，按下鼠标左键同时拖曳，即可将图形旋转。在将图形进行旋转时，按住 Shift 键，可将图形按 45°或 45°角的倍数进行旋转。

　　（3）镜像。

　　在页面中选择需要镜像的图形，然后选择【自由变换】工具 ，将鼠标指针移动到图形周围变换框的控制点上，当鼠标指针显示为"↕"、"↔"或"↗"形状时，按下鼠标左键同时向相反方向拖曳，即可将图形镜像，如图 7-5 所示。

 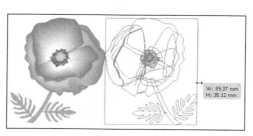 

　　　　选择的图像　　　　　　　　　镜像图像时的形态　　　　　　　　图像镜像后的形态

图7-5　对图形进行镜像的过程示意图

要点提示 在利用 按钮镜像图形时，拖曳一定要超出图形相反边的边界，否则此操作为缩放图形操作。如按住 Alt 键，可将图形以中心镜像。

　　（4）倾斜。

　　在页面中选择需要倾斜的图形，然后选择【自由变换】工具 ，将鼠标指针移动到图形周围变换框的控制点上按下鼠标左键，然后按住 Ctrl 键，当鼠标指针显示为"▷"、"↕"或"↘"形状时拖曳，即可将图形倾斜。图 7-6 所示为利用 按钮对图形进行倾斜的过程示意图。

 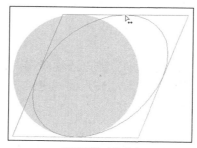 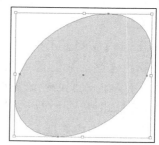

　　　　选择的图像　　　　　　　　　倾斜图像时的形态　　　　　　　　图像倾斜后的形态

图7-6　对图形进行倾斜的过程示意图

要点提示 在利用【自由变换】工具 倾斜图形时，按住 Ctrl+Alt 组合键，可使图像以中心进行倾斜，即图像的两边同时进行倾斜变形。

　　（5）透视。

　　在页面中选择需要透视的图形，然后选择【自由变换】工具 ，将鼠标指针移动到图形周围变换框的控制点上按下鼠标左键，然后按住 Shift+Ctrl+Alt 组合键，当鼠标指针显示为"▷"形状时拖曳，即可将图形进行透视变换，如图 7-7 所示。

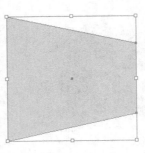

图7-7　对图形进行透视的过程示意图

七、　【变换】面板

执行【窗口】/【变换】命令，弹出如图 7-8 所示的【变换】面板。利用该面板可以控制所选对象在页面中的位置、大小、旋转角度及倾斜角度等。其操作方法非常简单：只须在相应选项的文本框中设置适当的参数，再按 Enter 键即可。

图7-8　【变换】面板

- 【X】和【Y】选项：这两个选项分别表示所选对象在 x 轴和 y 轴上的坐标值。若改变其参数，即可改变所选对象在页面中的位置。
- 【宽】和【高】选项：这里所指的宽度和高度都是针对所选对象的选择框而言的。若改变其参数，即可改变所选对象的大小。
- 若要使选择的对象产生旋转操作，只须在【旋转】选项 △ 中设置相应的旋转角度。
- 若要使选择的对象产生倾斜，只须在【倾斜】选项 ❑ 中设置相应的倾斜角度。
- 在【变换】面板中，单击 ▦ 图标中的空心方块可以修改图形的变换参考点，选择的参考点显示为黑色的实心点。

单击【变换】控制面板右上角的 ▾≡ 按钮，弹出如图 7-9 所示的下拉菜单。通过该菜单可实现图形的水平翻转、垂直翻转、缩放描边和效果、仅变换对象、仅变换图案和变换两者等操作功能。

图7-9　弹出的下拉菜单

7.1.2　范例解析——绘制遮阳伞

本节通过绘制如图 7-10 所示的遮阳伞，练习图形编辑工具的使用。

1. 启动 Illustrator CS6 软件，创建一个新文档。
2. 执行【视图】/【显示标尺】命令，将标尺显示在窗口中。
3. 将鼠标指针分别放置在垂直和水平标尺上，按下鼠标左键并向页面中拖曳，添加参考线。
4. 选择 ⬡ 工具，将鼠标指针放置在参考线的交点上单击，如图 7-11 所示。
5. 单击鼠标左键后，弹出【多边形】对话框，设置【半径】参数为 "80mm"，【边数】参数为 "8"，单击 ⬚确定 按钮，以参考线的交点为中心绘制出如图 7-12 所示的八边形。

图7-10　企业遮阳伞

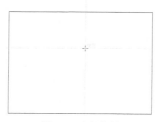

图7-11　光标位置

图7-12　绘制的八边形

6. 双击 🔄 工具，弹出【旋转】对话框，设置【角度】参数为"22.5"，单击 确定 按钮，旋转后的八边形如图 7-13 所示。

7. 将八边形的填充色设置为无色，描边设置为黑色。

8. 选择 📝 工具，将鼠标指针放置在参考线的交点上，单击鼠标左键，根据参考线和多边形的边绘制出如图 7-14 所示的三角形。

9. 选择 🔺 工具，调整三角形形状。然后填充上桔红色（M:80,Y:95），描边宽度设置为"1pt"，轮廓色设置为黑色，如图 7-15 所示。

图7-13　旋转后的图形

图7-14　绘制的三角形

图7-15　填充桔红色

10. 单击【符号】面板右上角的 ▾≡ 按钮，在弹出的下拉菜单中选择【打开符号库】/【复古】命令，在弹出的【复古】面板中选择"蝴蝶"符号并拖曳到画面中。双击 🔄 工具，弹出【旋转】对话框，设置【角度】参数为"22.5"，单击 确定 按钮，将旋转后的蝴蝶图形调整大小后放置到如图 7-16 所示的三角形上。

11. 将三角形和"蝴蝶"同时选择，选择 🔄 工具，将鼠标指针放置在如图 7-17 所示的参考线交点位置单击，确定旋转中心的位置。

12. 按住 Shift+Alt 组合键，将鼠标指针放置在选择的图形上，按下鼠标左键并向上拖曳，将图形进行旋转复制，状态如图 7-18 所示。

图7-16　蝴蝶图形

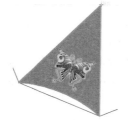

图7-17　鼠标指针位置

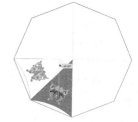

图7-18　旋转复制状态

13. 释放鼠标左键，然后按住 Ctrl 键，连续按 D 键，重复旋转复制出如图 7-19 所示的图形。

14. 将图形旋转复制后分别进行颜色的更改，每隔一个填充成白色，效果如图 7-20 所示。

15. 选择 ⬭ 工具，以参考线的交点为圆心绘制圆形，颜色设置为黄色（Y:100）。

16. 至此，花伞绘制完毕。将先前绘制的八边形删除，再执行【视图】/【参考线】/【隐藏参考线】命令，将参考线在窗口中隐藏，整体效果如图 7-21 所示。

图7-19　旋转复制出的图形　　　　图7-20　填充白色　　　　图7-21　绘制完成的遮阳伞

17. 执行【文件】/【存储】命令，将文件命名为"遮阳伞.ai"并保存。

7.1.3　课堂实训——设计宣传卡

本节通过设计如图 7-22 所示的宣传卡，练习图形编辑工具的使用方法。

【步骤提示】

1. 选择 ▣ 工具，在页面中绘制一个矩形，颜色填充为黄灰色（C:7,M:10,Y:39,K:9）到黑色的线性渐变。

2. 执行【文件】/【打开】命令，打开"图库\07 章"目录下的"面包和小麦.ai"文件，将打开的图片复制到宣传卡页面中。

3. 利用 ▸ 和 ⌗ 工具，将"面包"图片进行移动复制，分别调整大小并组合一下放置到如图 7-23 所示的画面位置。

4. 用同样方法复制"小麦"、调整大小并旋转角度，然后放置到如图 7-24 所示的画面位置。

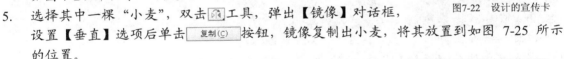

图7-22　设计的宣传卡

5. 选择其中一棵"小麦"，双击 ⌗ 工具，弹出【镜像】对话框，设置【垂直】选项后单击 复制(C) 按钮，镜像复制出小麦，将其放置到如图 7-25 所示的位置。

图7-23　组合的面包图片　　　　图7-24　小麦在画面中的位置　　　　图7-25　复制出的小麦

6. 选择 T 工具，在页面中输入五角星特殊符号和文字，填充颜色为暗红色（C:53.M:96,Y:100,K:40）和白色，然后给五角星特殊符号和"西式"文字设置宽度为"4pt"的白色轮廓，如图 7-26 所示。

7. 将文字选择，双击 ⟳ 工具，在弹出【旋转】对话框中将【角度】参数设置为"–10°"，单击 确定 按钮，旋转后的文字如图 7-27 所示。

图7-26　输入的文字

图7-27　旋转后的角度

8. 打开【符号】面板，单击右上角的 ▾▤ 按钮，在弹出的下拉菜单中选择【打开符号库】/【箭头】命令，在弹出的【箭头】面板中选择"箭头 26"符号。

9. 将选择的符号拖曳到画面中，单击鼠标右键，在弹出的快捷菜单中选择【断开符号链接】命令将符号转换。

10. 将转换后的符号填充上暗红色（C:53,M:96,Y:100,K:40），然后利用 ⟳ 工具将箭头旋转角度。

11. 选择箭头后移动复制出两个，将 3 个箭头同时选择，执行【对象】/【编组】命令，使其成为一个整体。然后利用 ▣ 工具绘制一个矩形，如图 7-28 所示。

12. 将箭头和矩形同时选择，执行【对象】/【剪切蒙版】/【建立】命令，为 3 个箭头添加剪切蒙版，完成如图 7-29 所示的效果。

13. 利用 T 工具在箭头上输入文字，文字颜色为淡粉色（M:45,Y:36）和白色。至此，宣传单设计完成，总体效果如图 7-30 所示。

图7-28　绘制的箭头和矩形

图7-29　创建剪贴蒙版效果

图7-30　输入的文字

14. 执行【文件】/【存储】命令，将文件命名为"汉堡宣传单.ai"并保存。

7.2　变形工具

利用变换工具改变图形的大小、位置和角度，除了利用【倾斜】工具 ⧉ 可以把图形倾斜外，其自身的形状基本不会发生变化，而利用变形工具则可以对图形的形状进行改变。

7.2.1　功能讲解

变形工具是一个功能强大的图形变形工具组，其下包括【宽度】工具 ▨、【变形】工具 ▨、【旋转扭曲】工具 ▨、【缩拢】工具 ▨、【膨胀】工具 ▨、【扇贝】工具 ▨、【晶格化】工具 ▨ 和【皱褶】工具 ▨ 等，下面分别介绍这几个工具的功能。

一、 【宽度】工具

利用【宽度】工具 可以在图形轮廓线的任一点快速、自由流畅地来调节宽度。在该工具的工具栏中还可以创建和保存宽度配置文件，并将其应用到任意的描边中或使用可变宽度预设数值。图 7-31 所示为原图与改变描边宽度后的效果对比。

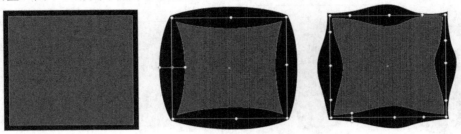

图7-31 原图与改变描边宽度后的效果对比

二、 【变形】工具

利用【变形】工具 可以模仿手指涂抹的方式对图形进行变形。图 7-32 所示为原图与涂抹后的效果对比。

三、 【旋转扭曲】工具

利用【旋转扭曲】工具 可以对图形做旋转扭曲变形操作。图 7-33 所示为利用此命令制作的旋转扭转效果对比。

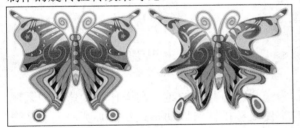

图7-32 原图与涂抹后的效果对比

图7-33 图形旋转扭曲效果对比

四、 【缩拢】工具

利用【缩拢】工具 可以对图形做挤压操作。图 7-34 所示为原图与挤压后的效果对比。

五、 【膨胀】工具

利用【膨胀】工具 可以对图形做扩张膨胀变形操作。图 7-35 所示为原图与扩张膨胀后的效果对比。

图7-34 原图与挤压后的效果对比

图7-35 原图与扩张膨胀后的效果对比

六、 【扇贝】工具

利用【扇贝】工具 可以对图形进行扇形扭曲操作，使图形产生向某一点聚集的效果。图 7-36 所示为原图与向某一点聚集后的效果对比。

七、【晶格化】工具

利用【晶格化】工具可以对图形进行细化处理，使图形产生放射效果。图 7-37 所示为原图与细化后的效果对比。

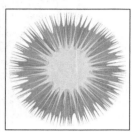

图7-36　原图与向某一点聚集后的效果对比　　　　图7-37　原图与晶格化后的效果对比

八、【皱褶】工具

利用【皱褶】工具可以对图形进行折皱变形操作，使图形产生抖动效果。图 7-38 所示为原图与产生抖动后的效果对比。

选择变形工具组中的不同工具对图形进行操作，可以得到不同的效果，但这几种工具的使用方法相同，即在工具箱中单击相应的按钮后，将鼠标指针移动到页面中，在需要变形的对象上拖曳鼠标指针，即可得到相应的效果。另外，除【变形】工具外的其他工具，也可在需要变形的对象上单击，也将产生相应的效果。

图7-38　原图与产生抖动后的效果对比

在操作过程中，鼠标指针默认情况下显示为空心圆，其半径越大则操作中受影响的区域也就越大。在操作过程中，按住 Alt 键，同时拖曳鼠标指针可以动态改变空心圆的大小及形态。如果需要精确控制每一种变形工具的操作参数，可双击该工具，然后在弹出的相应对话框中设置即可。

九、【橡皮擦】工具

该【橡皮擦】工具与 Photoshop 软件中的【橡皮擦】工具非常相似，其使用方法也相同。通过在图形上拖动或单击的操作方法，可以把橡皮擦经过的图形区域擦除，如图 7-39 所示。

图7-39　橡皮擦擦除的效果

擦除面积的大小由橡皮擦的直径来控制。双击工具箱中的【橡皮擦】工具，可弹出【橡皮擦工具选项】对话框，在该对话框中可以设置该工具的角度、圆度及直径大小。按键盘中的]键可以快速地增加直径、按[键可以快速地减小直径。

十、【剪刀】工具

利用【剪刀】工具✂在路径上单击，可以将一条开放路径拆分成两条路径，或将一条闭合路径拆分成多条开放路径。

选择【剪刀】工具✂，然后在路径中的任意位置单击，在该位置就会出现两个重叠的锚点，其中一个处于选择状态，利用【直接选择】工具▷可以将其移动。图 7-40 所示为原路径与裁切并移动锚点后的效果对比。

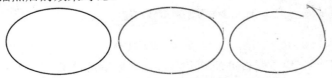

图7-40　原路径与裁切并移动锚点后的效果对比

十一、【刻刀】工具

利用【刻刀】工具✐在一个或多个图形上按下鼠标左键并拖曳，会沿着鼠标指针拖曳的轨迹把图形剪切为两个或多个闭合的填充图形，如图 7-41 所示。

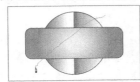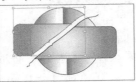

图7-41　刻刀工具使用操作

7.2.2　范例解析——绘制圣诞树

本案例灵活运用各种变形工具绘制如图 7-42 所示的圣诞树。

1. 启动 Illustrator CS6 软件，创建一个新文档。
2. 选择✐工具，绘制出如图 7-43 所示的圣诞树形状，颜色填充设置为深绿色（C:92,M:61,Y:92,K:43）到浅绿色（C:67,M:24,Y:100）的线性渐变。
3. 执行【效果】/【扭曲和变换】/【粗造化】命令，在弹出的【粗造化】对话框中设置各项参数，如图 7-44 所示。

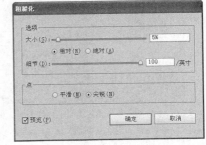

图7-42　绘制的圣诞树　　　　图7-43　绘制的图形　　　　图7-44　【粗造化】对话框

4. 单击 ▢确定 按钮，变化后的效果如图 7-45 所示。
5. 选择✐工具，绘制一个如图 7-46 所示的形状图形，填充颜色设置为深绿色（C:90,M:30,Y:95,K:30）。然后执行【粗造化】命令，得到如图 7-47 所示的效果。

图7-45　粗造化后的效果　　　　　　图7-46　绘制的图形　　　　　图7-47　粗造化后的效果

6. 选择图形并按住 Alt 键复制出另外一个图形，颜色填充设置为中绿色（C:75,Y:100），并将填充好的图形等比例缩小，如图 7-48 所示。

7. 采用同样的方法，再复制出一个相同的图形，颜色填充设置为浅绿色（C:50,Y:100），并稍微将其缩小一点，效果如图 7-49 所示。

图7-48　复制出的图形　　　　　　　　　图7-49　复制出的图形

8. 同时选中 3 个图形，单击【画笔】面板右上角的 按钮，在弹出的下拉菜单中选择【新建画笔】命令，在弹出的【新建画笔】面板中选择【新建艺术画笔】命令，单击 确定 按钮，弹出【艺术画笔选项】对话框，参数设置如图 7-50 所示，单击 确定 按钮。

9. 在【画笔】面板中选择新建的艺术画笔，描边宽度设置为"0.25pt"，选择 工具，然后在"圣诞树"上面绘制出一些树枝，效果如图 7-51 所示。

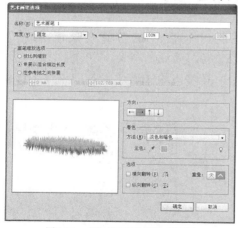

图7-50　【艺术画笔选项】对话框　　　　　　图7-51　绘制的图形

10. 在选项栏中将绘制的树枝的不透明度设置为"50%"，效果如图 7-52 所示。

11. 选择 工具，在页面中绘制出 5 个不同渐变颜色的彩球，颜色填充依次设置为深蓝（C:95,M:97,K:45）到浅蓝（C:70）、深紫（C:80,M:100,K:20）到浅紫（M:95）、深红（M:100,Y:100,K:75）到浅红（M:81,Y:100）、红色（M:96,Y:90）到黄色（Y:100）以及粉红色（M:98,Y:5）到白色的径向渐变，效果如图 7-53 所示。

图7-52　降低不透明度效果

图7-53　绘制的图形

12. 将绘制好的彩球依次放置到圣诞树上面，通过复制和调整大小多放一些彩球，效果如图 7-54 所示。

13. 将绘制的彩球重新排列为如图 7-55 所示的状态，然后单击【符号】面板右上角的 按钮，在弹出的下拉菜单中选择【新建符号】命令，弹出的【符号选项】面板中单击 确定 按钮，把彩球创建成一种新的符号。

14. 选择 工具，将小彩球喷绘到圣诞树上面，使圣诞树显得更加丰富，效果如图 7-56 所示。

图7-54　复制的彩球

图7-55　重新排列彩球

图7-56　绘制的彩球

15. 在【庆祝】面板中选择"聚会帽"、"宝石"、"气球 1"、"气球 2"和"气球 3"符号，依次拖到圣诞树上面，排列并调整大小后的效果如图 7-57 所示。

16. 选择 工具，给圣诞树绘制树干，颜色填充为褐色（M:45,M:78,K:75）到浅褐色（M:32,M:57,K:55）的线性渐变颜色，效果如图 7-58 所示。

图7-57　绘制的图形

图7-58　绘制的"树干"

17. 至此，一颗漂亮的圣诞树绘制完毕，执行【文件】/【存储】命令，将文件命名为"圣诞树.ai"并保存。

7.2.3 课堂实训——绘制漂亮的桌面壁纸

本节通过绘制如图 7-59 所示的壁纸，练习图形变形工具的使用。

【步骤提示】

1. 利用 ◉工具绘制一个圆形，填充色为红色（M:100,Y:100），描边色为无。

2. 执行【对象】/【变换】/【缩放】命令，在弹出的【比例缩放】对话框中设置【比例缩放】参数为 "80%"，单击 复制(C) 按钮，将圆形等比例缩小复制出如图 7-60 所示的图形。

3. 执行【对象】/【路径】/【分割下方对象】命令，利用小圆形对其下方的圆形修剪，然后将小圆形删除，得到如图 7-61 所示的圆环。

图7-59 绘制的壁纸

图7-60 缩小复制出的图形

图7-61 修剪后的图形

4. 选择圆环，然后执行【对象】/【路径】/【添加锚点】命令，在图形原有的锚点之间各添加一个锚点。

5. 执行【效果】/【扭曲和变形】/【收缩和膨胀】命令，在弹出的【收缩和膨胀】对话框中设置【收缩】参数为 "80%"，单击 确定 按钮，图形形态如图 7-62 所示。

6. 再制作出如图 7-63 所示的青色（C:100）圆环图形。

7. 双击【扇贝】工具 ⬡，在弹出的【扇贝工具选项】对话框中设置各项参数如图 7-64 所示，然后单击 确定 按钮。

图7-62 图形形态

图7-63 制作出的圆环图形

图7-64 【扇贝工具选项】对话框

8. 依次在圆环图形上按住鼠标左键并向内拖曳，对圆环图形进行变形调整，变形后的图形形态如图 7-65 所示。

9. 再制作出如图 7-66 所示的绿色（C:60,M:5,Y:95）圆环图形。

10. 双击【晶格化】工具 ⬡，在弹出的【晶格化工具选项】对话框中设置各项参数如图7-67 所示，然后单击 确定 按钮。

图7-65 变形后的图形形态

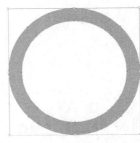

图7-66 制作出的圆环图形

图7-67 【晶格化工具选项】对话框

11. 依次在圆环图形上单击，对圆环进行变形调整，变形后的图形形态如图 7-68 所示。

12. 再制作一个红色（M:95,Y:20）圆环图形，双击【旋转扭曲】工具，在弹出的【旋转扭曲工具选项】对话框中设置各项参数如图 7-69 所示，单击 确定 按钮。

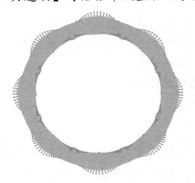

图7-68 变形后的图形形态

图7-69 【旋转扭曲工具选项】对话框

13. 依次在圆环图形上单击，对圆环进行变形调整，变形后的图形形态如图 7-70 所示。

14. 将前面制作的图形效果依次调整大小后移动到如图 7-71 所示的位置，图形的前后位置可以通过执行【对象】/【排列】菜单下的相应命令来调整。

图7-70 变形后的图形形态

图7-71 图形放置的位置

15. 利用 工具依次绘制上一些如图 7-72 所示的小的圆形。

16. 利用 工具绘制一个矩形，填充色为红色（M:80,Y:95），然后利用【自由变换】工具 对其进行旋转变形，其状态如图 7-73 所示。

图7-72　绘制的圆形

图7-73　旋转图形

17. 通过复制操作依次得到如图 7-74 所示的图形，颜色可以遵循漂亮的原则随意设置。

图7-74　绘制出的图形

18. 在画面中输入颜色填充为深褐色（C:35,M:100,Y:35,K:10）的英文字母，再利用 ▦ 工具绘制 3 个小矩形，设置完成的壁纸效果如图 7-59 所示。

19. 按 Ctrl+S 组合键，将此文件命名为"漂亮的壁纸.ai"并保存。

7.3　形状生成器及其他工具

形状生成器工具组下面包括【形状生成器】工具 ◐、【实时上色】工具 ▩ 和【实时上色选择】工具 ▣。利用这 3 个工具可以把复合路径图形创建为新的图形，以及进行方便灵活的颜色填充和选取等。

7.3.1　功能讲解

除了形状生成器工具外，利用【橡皮擦】工具 ✎、【剪刀】工具 ✂ 和【刻刀】工具 ✐ 同样可以修改和编辑图形的形状。本节学习这几个工具的功能。

一、　形状生成器工具

【形状生成器】工具 ◐ 是一个用于通过合并或擦除简单形状创建复杂形状的交互式工具。它对结构简单的复合路径有效。在使用时它直观地高亮显示所选复合路径中可合并为新形状的边缘和选区。"边缘"是指一个路径中的一部分，该部分与所选对象的其他任何路径都没有交集。默认情况下，该工具处于合并模式，允许用户合并路径或选区。当按住 Alt 键时，该工具变为抹除模式，可以删除复合路径中任何不想要的边缘或选区。

双击 ◐ 工具，或在选取该工具的状态下按 Enter 键，弹出如图 7-75 所示的【形状生成器工具选项】对话框。

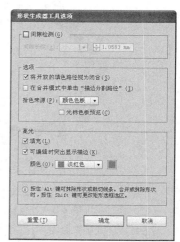

图7-75　【形状生成器工具选项】对话框

- 【间隙检测】栏：在【间隙长度】下拉列表包含"小"、"中"、"大"3 个设置间隙长度的选项，用户根据使用情况可自行选择应用。
- 自定选项：设置该选项，可以使用精确的间隙长度。

选择间隙长度后，在使用 工具时将查找仅接近指定间隙长度值的间隙。应确保间隙长度值与复合路径的实际间隙长度接近。如果数值太小，在使用 工具时将无法查找生成新形状的间隙区域。例如，如果设置间隙长度为 2mm，而需要合并的路径包含了 3 点的间隙，且间隙超过了 2mm，在合并时就无法检测此间隙，如图 7-76 所示。

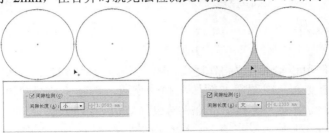

图7-76　查找间隙状态对比

- 【将开放的填色路径视为闭合】复选项：如果选择此选项，在捕捉开放的填色路径时，将会为开放路径创建不可见的边缘来生成选区，单击选区内部时，会创建一个形状，如图 7-77 所示。

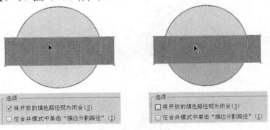

图7-77　效果对比

- 【在合并模式中单击"描边分割路径"】复选项：勾选此复选框后，在合并模式中单击路径的描边即可分割路径。此选项允许用户将父路径拆分为两个路径。第一个路径将从单击的边缘创建，第二个路径是父路径中除第一个路径外剩余的部分。
- 【拾色来源】选项：在右侧的选项下拉列表中包括【图稿】和【颜色色板】两个选项。用户可以从现有图形所用的颜色中选择，来给对象上色，或从颜色色板中选择颜色，来给对象上色。
- 【填充】复选项：该复选框默认为选中。如果选择此选项，当指针滑过所选路径时，可以合并的路径或选区将以灰色突出显示。如果没有选择此选项，所选选区或路径的外观将是正常状态。
- 【可编辑时突出显示描边】复选项：如果选择此选项，在编辑时将突出显示可编辑的路径轮廓颜色。在【颜色】右侧的下拉列表中可选择显示的颜色。

二、 实时上色工具

利用【实时上色】工具 可以任意为图形进行着色，无论是复杂还是简单的复合路径，也不管是复合路径中前面的图形还是后面的图形，利用该工具就像对画布或纸上的绘画进行着色一样。用户可以使用不同颜色为每个路径段描边，并填充不同的颜色、图案或渐变填充每个路径。

图形应用了实时上色之后，每条路径都会保持完全可编辑状态，且生成新的图形，原图形保持不变，如图 7-78 所示。

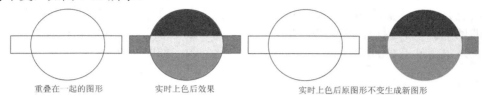

图7-78　实时上色

利用 [图标] 工具不但可以给图形内部填色，也可以给轮廓边缘描边，给图形内部填色可以是单色，也可以是渐变颜色或图案。例如，画一个圆，再画一条线穿过该圆，利用 [图标] 工具可以为分割后的两个面填色，也可以为轮廓描边，如图 7-79 所示。

在工具箱中双击 [图标] 工具，或在该工具被选取的状态下按 Enter 键，弹出如图 7-80 所示的【实时上色工具选项】对话框。

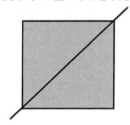

图7-79　给图形实时上色前后效果对比

图7-80　【实时上色工具选项】对话框

- 【填充上色】复选项：选择此复选项，可以给图形进行上色。
- 【描边上色】复选项：选择此复选项，可以给图形的轮廓进行上色。
- 【光标色板预览】复选项：选择此复选项，在进行实时上色时，可以随时预览当前图形选定的填充色或描边颜色。
- 【颜色】选项：设置突出显示线的颜色。可以从选项列表中选择颜色，也可以单击上色色板以指定自定颜色。
- 【宽度】选项：指定突出显示轮廓线的粗细。

三、 实时上色选择工具

对于执行了实时上色后的复合路径图形，它们是组合在一起的，无法直接利用 [图标] 工具将某部分图形选取进行编辑，如图 7-81 所示。利用【实时上色选择】工具 [图标] 就可以解决这个问题，如图 7-82 所示，被选取的部分可以进行颜色再填充，如图 7-83 所示。

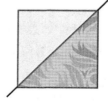
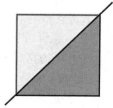

图7-81　实时上色图形

图7-82　选取状态

图7-83　重新填充颜色

四、 其他工具

除了本章及前面章节讲解的工具外，在工具箱中还有一些常用的其他工具，如【度量】工具▱、【画板】工具▢、【切片】工具✎、【切片选择】工具✐、【抓手】工具✋、【打印拼贴】工具▯、【缩放】工具🔍以及模式设置等工具。熟练掌握这些工具有助于读者对 Illustrator 软件的整体认识。

(1) 【度量】工具。

【度量】工具▱的主要功能是用来度量两点之间的距离和角度。在度量时，将鼠标指针移动到页面中，在需要度量的第一点处按下鼠标左键并拖曳至第二点。在确定度量的第一点时系统会自动弹出【信息】面板，拖曳至第二点位置时，【信息】面板中会显示度量的结果，如图 7-84 所示。

在【信息】面板中，【X】和【Y】分别表示第一点的 X 轴坐标和 Y 轴坐标；【宽】和【高】分别表示两点之间的水平距离和竖直距离；【D】表示两点之间的绝对距离；◿后的数值表示所度量两点生成的边线与水平方向的角度。

图7-84　度量两点间的距离和角度

(2) 【画板】工具。

选择【画板】工具▢后即可切换到画板编辑模式状态，拖动画板框的大小，可以定义画板的大小以及位置，在画板以外的区域还可以创建或复制多个画板，其操作分别如下。

- 如果要使用预设画板，则双击▢工具，在弹出的【画板选项】对话框中选择一个预设，单击 [　确定　] 按钮。如果在现用画板中创建画板，按住 [Shift] 键并使用▢工具拖动即可。
- 如果要复制现有画板，则选择▢工具，单击以选择要复制的画板，并单击选项栏中▣按钮；然后单击放置复制画板的位置。要创建多个复制画板，可按住 [Alt] 键单击多次，直到获得所需的数量。
- 要复制带内容的画板，可选择▢工具，单击选项栏中的◈按钮，按住 [Alt] 键并拖曳。
- 要确认该画板并退出画板编辑模式，可单击工具面板中的其他工具或单击 [Esc] 键。

(3) 【切片】工具。

利用【切片】工具✎在页面中拖曳，释放鼠标左键后，可在页面中创建切片。

(4) 【切片选择】工具。

利用【切片选择】工具✐可以来选择切片，对于选择后的切片可以进行位置的移动和大小的调整等操作。

(5) 【抓手】工具。

利用【抓手】工具✋可以在不影响图形间相对位置的前提下移动整个页面。当工作页面大于当前的工作窗口时，使用此工具可平移工作窗口中页面的显示位置。

(6) 【打印拼贴】工具。

使用【打印拼贴】工具▯，可以调整页面中可打印区域的位置，从而避免图形超出当前页面的可打印区域。

(7) 【缩放】工具。

【缩放】工具 🔍 的主要功能是对页面中的图形进行等比例放大或缩小显示，以便于对图形进行观察或修改。在页面中单击，可将图形放大显示；按住 Alt 键在页面中单击，可将图形缩小显示。双击工具箱中的 🔍 工具，可将当前页面以实际大小显示，即 100% 显示。

> **要点提示**　无论当前工具箱中选择的是什么工具，按住 Ctrl 键，可将当前使用的工具暂时切换为选择工具；按空格键，可将当前工具暂时切换为手形工具；按 Ctrl++ 组合键，可放大显示图形；按 Ctrl+- 组合键，可缩小显示图形；按 Ctrl+0 组合键，可将图形自动适配至屏幕显示。但在使用这些快捷键时必须确保当前的输入法为英文输入法。

(8)　【导航器】面板。

在绘制图形或处理图像的时候，经常需要对视图大小进行变换，或将图形或图像放大显示。在页面中无法看到整个图形或图像时，【导航器】面板可以帮助快速定位图形或图像的位置。在工作页面中随意导入一幅图像，其【导航器】面板如图 7-85 所示，通过设置数值可以自定义页面的显示比例。

图7-85　【导航器】面板

(9)　绘图【模式】工具。

在工具箱中提供了 3 种绘图模式，分别为【正常绘图】 、【背面绘图】 和【内部绘图】 ，它们的快捷键为 Shift+D 组合键。

- 按钮：激活此按钮，在绘制图形时，是在现有图形的上面绘制新图形，如图 7-86 所示。
- 按钮：激活此按钮，在绘制图形时，是在现有图形的下面绘制新图形，如图 7-87 所示。
- 按钮：激活此按钮，在绘制图形时，是在现有被选择图形的内部绘制新图形，如图 7-88 所示。

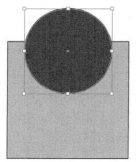 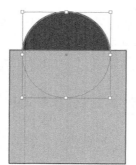 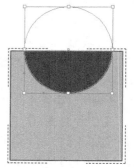

图7-86　【正常绘图】　　　　图7-87　【背面绘图】　　　　图7-88　【内部绘图】

(10)　屏幕【模式】工具。

在工具箱中提供了 3 种屏幕显示模式，分别为【正常屏幕模式】 、【带有菜单栏的全屏模式】 和【全屏模式】 ，它们的快捷键为 F，依次按键盘上的 F 键，可在这 3 种模式之间进行切换。

- 按钮：激活此按钮时的显示模式为软件默认的显示模式，即安装完此软件启动后的显示模式。
- 按钮：激活此按钮，软件会将顶部的标题栏隐藏。
- 按钮：激活此按钮，软件界面会将顶部的标题栏、菜单栏和底部的状态栏全部隐藏，以全屏幕的形式显示。

7.3.2 范例解析——绘制葫芦图形

图7-89 葫芦图形

本节通过绘制如图 7-89 所示的葫芦图形，练习【形状生成器】
工具的使用方法。

1. 利用工具绘制两个重叠在一起的圆形，利用工具将这两个
   图形选取，如图 7-90 所示。
2. 选择【形状生成器】工具，当将鼠标指针移动到图形中时，
   出现如图 7-91 所示的所选区域。
3. 按下鼠标左键并向下拖动，指针所经过的区域都变为所选区域，如图 7-92 所示。

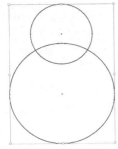
图7-90 选取图形

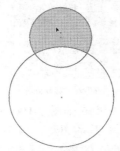
图7-91 所选区域

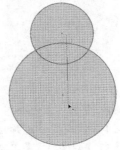
图7-92 所选区域

4. 释放鼠标左键后，所选区域即变为两个图形合并后的新图形，如图 7-93 所示。
5. 利用工具和工具绘制如图 7-94 所示的图形。按 Ctrl + A 组合键，选择图形。
6. 利用工具将图形合并在一起，如图 7-95 所示。

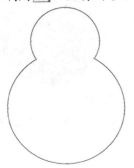
图7-93 生成的新图形

图7-94 绘制的图形

图7-95 合并生成的图形

7. 利用工具选择图形，然后给图形填充橘黄色（M:50,Y:100）。
8. 执行【文件】/【存储】命令，将文件命名为"葫芦.ai"并保存。

7.3.3 课堂实训——绘制碗图形

本节通过绘制如图 7-96 所示的碗图形，练习【实时上色】工具、【形状生成器】工
具以及其他工具和命令的综合使用。

【步骤提示】

1. 利用 工具绘制两个椭圆图形，利用 工具将这两个图形选中，如图 7-97 所示。

2. 单击选项栏中的 按钮，将图形水平居中对齐。

3. 选择【实时上色】工具 ，在【色板】面板中点选如图 7-98 所示的蓝色。

4. 将鼠标指针移动到如图 7-99 所示的图形位置单击填充实时上色。

图7-96　绘制的碗图形

图7-97　绘制的图形

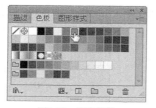

图7-98　选取蓝色

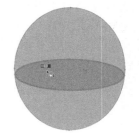

图7-99　填充颜色

5. 再在【色板】面板中选择红色，然后在如图 7-100 所示的图形位置单击填充红色。

6. 选择 工具，选择图形，实时上色后的图形如图 7-101 所示。

7. 执行【对象】/【实时上色】/【扩展】命令，将实时上色图形扩展。

8. 执行【对象】/【取消编组】命令，取消图形编组后可以将填充实时上色所生成的图形分离出来，如图 7-102 所示。

图7-100　填充颜色

图7-101　实时上色图形

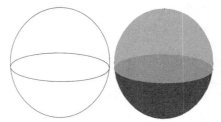

图7-102　生成的新图形

9. 选择【形状生成器】工具 ，按住 Alt 键，将鼠标指针移动到如图 7-103 所示位置，此时鼠标指针变成" "形状，此时 工具就具有了删除功能。

10. 单击鼠标左键，即可将选取的部分删除，如图 7-104 所示。

11. 激活工具箱下面的【背面绘图】按钮 。在【色板】面板中单击如图 7-105 所示的颜色。

图7-103　鼠标指针位置

图7-104　删除多余部分后的图形

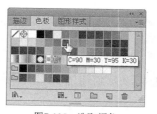

图7-105　选取颜色

12. 利用 工具绘制如图 7-106 所示的椭圆图形。

13. 按 Ctrl+A 组合键，将图形选中。

14. 单击选项栏中的 按钮，将图形水平居中对齐，如图 7-107 所示。

15. 选择 工具，选择如图 7-108 所示的图形。

图7-106　绘制的椭圆图形

图7-107　对齐后的图形

图7-108　选择图形

16. 执行【对象】/【取消编组】命令，取消图形编组，然后选择上面的蓝色图形。

17. 选择 工具，在【色板】面板中设置如图 7-109 所示的渐变颜色，然后利用 工具给图形填充渐变颜色，如图 7-110 所示。

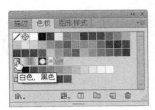
图7-109　选取颜色

图7-110　填充渐变颜色

18. 执行【文件】/【存储】命令，将文件命名为"碗.ai"并保存。

7.4　管理图形

本节讲解有关管理图形的命令和功能，如图形的对齐、分布、休整、群组、锁定以及隐藏等。

7.4.1　对齐和分布对象

【对齐】面板主要是用来控制选择的对象在指定的轴向上对齐或均匀分布。执行【窗口】/【对齐】命令（快捷键为 Shift+F7 组合键），弹出如图 7-111 所示的【对齐】面板。

一、对齐对象

此选项下的各按钮主要用于控制选择的两个或两个以上的对象按照指定的位置进行对齐排列。

图7-111　【对齐】面板

- 【水平左对齐】按钮 ：单击此按钮可以使选择的对象沿左边缘对齐。
- 【水平居中对齐】按钮 ：单击此按钮可以使选择的对象沿水平中心对齐。
- 【水平右对齐】按钮 ：单击此按钮可以使选择的对象沿右边缘对齐。
- 【垂直顶对齐】按钮 ：单击此按钮可以使选择的对象沿上边缘对齐。

- 【垂直居中对齐】按钮█：单击此按钮可以使对象沿垂直中心对齐。
- 【垂直底对齐】按钮█：单击此按钮可以使选择的对象沿下边缘对齐。

二、分布对象

此选项下的各按钮主要用于控制选择的 3 个或 3 个以上的对象按照指定的位置进行平均分布。

- 【垂直顶分布】按钮█：单击此按钮，可以使选择的对象在垂直方向上按顶端平均分布。
- 【垂直居中分布】按钮█：单击此按钮，可以使选择的对象在垂直方向上按中心平均分布。
- 【垂直底分布】按钮█：单击此按钮，可以使选择的对象在垂直方向上按底端平均分布。

图 7-112 所示为分别单击这 3 个按钮后，选择对象的分布状态。

图7-112　选择对象在垂直方向上分别沿顶端、中心和底端分布后的状态

- 【水平左分布】按钮█：单击此按钮，可以使选择的对象在水平方向上按左边缘平均分布。
- 【水平居中分布】按钮█：单击此按钮，可以使选择的对象在水平方向上按中心平均分布。
- 【水平右分布】按钮█：单击此按钮，可以使选择的对象在水平方向上按右边缘平均分布。

图 7-113 所示为分别单击这 3 个按钮后，选择对象的分布状态。

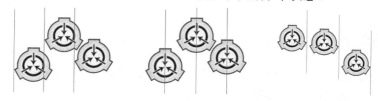

图7-113　选择对象在水平方向上分别沿左边缘、中心和右边缘分布后的状态

三、分布间距

在页面中选择 3 个或 3 个以上的操作对象，然后分别单击其下的各按钮，可以使相邻两个对象之间的间距均匀分布。

- 【垂直分布间距】按钮█：单击此按钮，可以使相邻两个对象之间的间距在垂直方向上均匀分布。
- 【水平分布间距】按钮█：单击此按钮，可以使相邻两个对象之间的间距在水平方向上均匀分布。

图 7-114 所示为分别单击这两个按钮后，选择对象的分布状态。

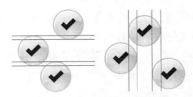

图7-114　对象在垂直方向和水平方向上分布后的状态

7.4.2 【路径查找器】面板

利用【路径查找器】面板可以将两个或两个以上的图形结合或分离，从而生成新的复合图形。此面板对制作复杂的图形很有帮助。

执行【窗口】/【路径查找器】命令（快捷键为 Shift+F9 组合键），打开如图 7-115 所示的【路径查找器】面板。

- 【联集】按钮：当在页面中选择两个或两个以上的图形时，单击此按钮，可以将所选择的图形进行合并，生成一个新的图形。原选择图形之间的重叠部分融合为一体，重叠部分的轮廓线自动消失。生成新图形的填充颜色和笔画颜色，由原来选择图形中位于最上层的图形所决定，如图 7-116 所示。

图7-115　【路径查找器】面板

- 【减去顶层】按钮：当在页面中选择两个或两个以上的图形时，单击此按钮，会用上层的图形减去底层的图形。上层的图形在页面中消失，最底层图形与上层图形的重叠部分被剪切掉，如图 7-117 所示。

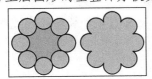

图7-116　原图及效果比较 1

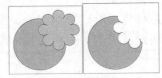

图7-117　原图及效果比较 2

- 【交集】按钮：当在页面中选择两个或两个以上的图形时，单击此按钮，将只保留所选图形的重叠部分，而未重叠的区域将被删除。执行此命令后，生成新图形的填充颜色和笔画颜色与原选择图形中位于最前面的图形相同，如图 7-118 所示。

- 【差集】按钮：当在页面中选择两个或两个以上的图形时，单击此按钮，将保留原选择图形的未重叠区域，而图形的重叠区域则变为透明状态。注意，奇数个对象重叠的区域也将会被保留，但偶数个对象重叠的区域将变为透明。执行此命令后，生成新图形的填充颜色和笔画颜色，由原选择图形中位于最上层的图形所决定，如图 7-119 所示。

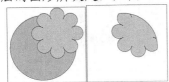

图7-118　原图及效果比较 3

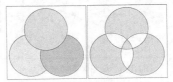

图7-119　原图及效果比较 4

- 扩展 按钮：在执行【形状模式】下的命令时，如果按住 Alt 键执行命令，可以把选择的两个以上的图形创建为复合图形。创建复合图形后会发现实际上另外的图形并没有被删除，仅仅是处于被隐藏的状态，如图 7-120 所示。此时如果单击 扩展 按钮，即可将另外的图形真正删除，使操作后的图形生成一个独立的新图形，如图 7-121 所示。

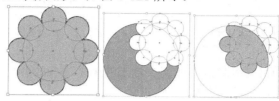

图7-120　扩展图形

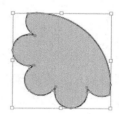

图7-121　扩充后再次选择图形

- 【分割】按钮 ：当在页面中选择两个或两个以上的图形时，单击此按钮，将以所选图形重叠部分的轮廓为分界线，将选择图形分割成多个不同的闭合图形，如图 7-122 所示。

- 【修边】按钮 ：当在页面中选择两个或两个以上的图形时，单击此按钮，系统将用所选图形中最上层的图形将下层图形被覆盖的部分剪掉，同时删除所选图形中的所有轮廓线，如图 7-123 所示。

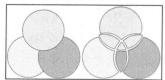

图7-122　原图及分割效果对比

图7-123　原图及修边效果对比

- 【合并】按钮 ：当在页面中选择两个或两个以上的图形时，单击此按钮，会将所选图形中相同颜色的图形合并为一个整体，同时将所有选择图形的外轮廓线删除，如图 7-124 所示。另外，如果选择的图形中不同颜色的图形处于重叠状态，则执行此命令后，前面的图形会将后面图形被覆盖的部分修剪掉。利用组选取工具将不同颜色的图形移动位置后，生成的图形效果如图 7-125 所示。

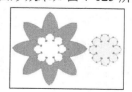

图7-124　原图及合并效果对比

图7-125　图形移动位置后的效果

- 【裁剪】按钮 ：当在页面中选择两个或两个以上的图形时，单击此按钮，会将所选图形下面的图形对最上面的图形进行修剪，保留下面图形与上面图形的重叠部分，同时将所有选择图形的外轮廓线删除。利用此命令可以制作蒙版效果，如图 7-126 所示。

- 【轮廓】按钮：当在页面中选择任意图形后，单击此按钮，会将选择的图形转化为轮廓线，轮廓线的颜色与原图形填充的颜色相同，如图 7-127 所示。执行此命令后，生成的轮廓线将被分割成一段一段的开放路径，这些路径会自动成组。

图7-126　原图及裁剪效果对比　　　　　　　　　图7-127　原图及轮廓效果对比

- 【减去后方对象】按钮：当在页面中选择两个或两个以上的图形时，单击此按钮，会将所选图形中最前面的图形减去后面的图形，如图 7-128 所示。

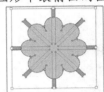

图7-128　原图及减去效果对比

7.4.3　常用管理图形命令

除了图形的对齐、分布和各种修整外，在菜单栏中还有一些常用的图形管理命令，下面简单介绍。

一、编组和取消编组

选择需要编组的所有对象，然后执行【对象】/【编组】命令，选择的对象即组合为一个整体。执行【对象】/【取消编组】命令，即可将成组的对象分离。

二、锁定和全部解锁

选择需要锁定的对象，然后执行【对象】/【锁定】/【所选对象】命令，即可将选择的对象锁定。执行【对象】/【全部解锁】命令，即可将页面中锁定的对象全部解锁。

三、隐藏与显示对象

在当前页面中选择需要锁定的对象，然后执行【对象】/【隐藏】/【所选对象】命令，即可将选择的对象隐藏。执行【对象】/【显示全部】命令，可以将页面中隐藏的对象全部显示。

7.5　综合案例——设计油漆招贴广告

本节通过设计如图 7-129 所示的油漆招贴广告练习本章所介绍的工具和命令。

【步骤提示】

1. 启动 Illustrator CS6 软件，创建一个新文档。

2. 在页面中创建一个矩形，填充浅桔黄色（C:4,M:25,Y:43）到白色的径向渐变颜色。

3. 选择矩形，执行【对象】/【锁定】/【所选对象】命令，将绘制好的矩形锁定。

4. 在矩形左边再绘制另外一个小矩形，颜色填充为褐色（C:39,M:77,Y:100），如图 7-130 所示。

5. 选择  工具，在页面中单击鼠标左键，弹出【螺旋线】对话框，参数设置如图 7-131 所示，单击 确定 按钮，创建一条螺旋线。

图7-129　油漆招贴广告

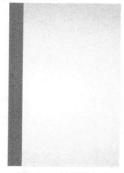

图7-130　绘制的矩形

图7-131　【螺旋线】对话框

6. 选择 工具，将旋转中心放置在如图 7-132 所示的位置。

7. 按住 Alt 键，单击鼠标左键，弹出【旋转】对话框。在【旋转】对话框中将旋转角度设置为 "30°"，单击 复制(C) 按钮，然后再按 Ctrl+D 组合键多次，重复复制得到一个旋涡似的形状，如图 7-133 所示。

8. 利用 工具绘制一个正方形，形态如图 7-134 所示。

图7-132　旋转中心位置

图7-133　复制出的线

图7-134　绘制的矩形

9. 将矩形和螺旋线全部选择，执行【对象】/【实时上色】/【建立】命令，建立实时上色对象。

10. 选择 工具，在色板中选择蓝色（C:100），为实时上色组中的其中一个部分上色，状态如图 7-135 所示。

11. 用同样的方法，给实时上色组中的各个分区分别上色，效果如图 7-136 所示。

12. 选中实时上色组，执行【对象】/【扩展】命令，在弹出的【扩展】对话框中按照默认的选项设置直接单击 确定 按钮，将图形进行转换。

13. 将转换后的图形选中，执行【对象】/【取消编组】命令，使其成为单独的个体，然后选中螺旋线，按 Delete 键将其删除。

14. 选择 工具，按住 Shift 键，连续选中如图 7-137 所示的各个图形。

图7-135　实时上色状态

图7-136　上色后的效果

图7-137　选择的图形

15. 执行【对象】/【编组】命令，使其成为一个整体，把其余的图形一起选中并删除，保留如图 7-138 所示的图形。

16. 选择  工具，在页面中单击鼠标左键，弹出【镜像】对话框，选项设置如图 7-139 所示，单击 _____ 确定 _____ 按钮。

图7-138　保留的图形

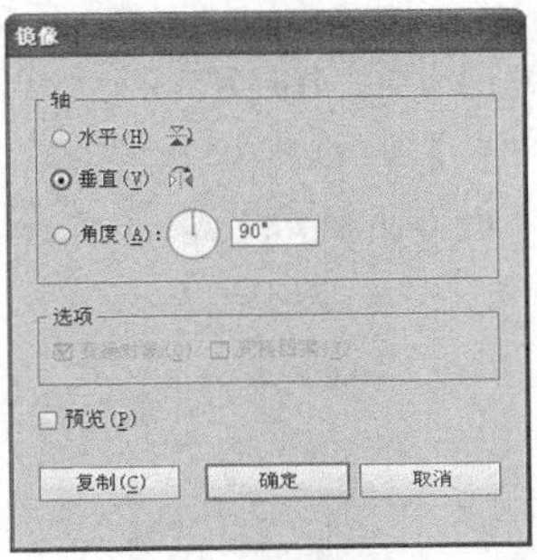

图7-139　【镜像】对话框

17. 双击 ⟳ 工具，在弹出的【旋转】对话框中将旋转角度设置为 "－90°"，单击 确定 按钮，旋转后的图形如图 7-140 所示。

18. 打开 "图库\07 章" 目录下的 "油漆桶和刷子.ai" 文件。

19. 将打开的图形复制到画面中，调整大小后放置到如图 7-141 所示的位置。

图7-140　旋转后的图形

图7-141　图形放置的位置

20. 选择 T 工具，在页面中输入文字，然后执行【对象】/【封套扭曲】/【用变形建立】命令，弹出【变形选项】对话框，各项参数设置如图 7-142 所示。

21. 将变形后的文字旋转 45°，放置到如图 7-143 所示的位置。

22. 选择变形后的文字，执行【对象】/【扩展】命令，弹出【扩展】对话框，按照默认的参数直接单击 _____ 确定 _____ 按钮，将选择的文字转换。

23. 给文字填充蓝色（C:93,M:95）到紫色（C:38,M:94）再到红色（C:10,M:100,Y:100）的线性渐变颜色，效果如图 7-144 所示。

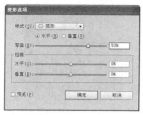

图7-142　【变形选项】对话框

图7-143　文字放置的位置

图7-144　填充颜色效果

24. 将文字选中，执行【对象】/【取消编组】命令，然后选择"色彩"两个字，利用 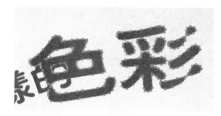 工具将字调整成如图 7-145 所示的大小。

25. 利用 ⬚ 工具和 ⬚ 工具，将文字变形处理成如图 7-146 所示的形状。

26. 利用 ⊤ 工具在画面右上角输入文字内容，颜色填充分别为绿色（C:88,M:48,Y:100,K:12）和红色（C:10,M:89,Y:85）。

27. 在【符号】面板中选择"污点矢量包 09"的符号，将其放置到画面中，再复制两个后分别填充不同的颜色，完成如图 7-147 所示的油漆招贴广告设计。

图7-145　调整大小后的形态

图7-146　变形后的文字

图7-147　完成招贴设计

28. 执行【文件】/【存储】命令，将文件命名为"油漆招贴.ai"并保存。

7.6　课后作业

1. 利用本章学习的变换工具及旋转复制操作制作如图 7-148 所示的花形图案。

2. 利用本章学习的工具和命令绘制如图 7-149 所示的企业 POP 挂旗。

图7-148　花形图案

图7-149　企业 POP 挂旗

第8章　辅助功能

本章将介绍 Illustrator CS6 软件中的一些辅助工具和命令的使用，如【参考线与标尺】、【网格】、【图层】与【蒙版】命令等。熟练掌握这些功能对排版和作品设计都有很大的帮助。

【学习目标】

- 掌握标尺、网格和参考线的设置与使用方法。
- 掌握图层和蒙版功能。
- 学习化妆品广告设计。
- 学习和掌握包装平面展开图的设计方法。

8.1　标尺、网格与参考线

标尺、网格和参考线是 Illustrator 的辅助工具，可以帮助用户精确地对图形定位或对齐，熟练掌握这些工具的使用，可以为图形绘制和排版等工作带来很大的方便。下面分别讲解其设置方法。

8.1.1　功能讲解

一、标尺

标尺的用途是度量图形的尺寸，同时对图形进行辅助定位，使图形的设计工作更加方便、准确。下面介绍标尺的设置方法。

(1) 隐藏和显示标尺。

执行【视图】/【显示标尺】命令（快捷键为 Ctrl+R 组合键），即可在当前文件的页面中显示标尺。执行【视图】/【隐藏标尺】命令即可将标尺隐藏。

(2) 标尺单位的设置。

标尺的单位可以通过【首选项】对话框来进行设置。执行【编辑】/【首选项】/【单位】命令，弹出如图 8-1 所示的【首选项】对话框。

图8-1　【首选项】对话框

在【单位】选项设置面板中可以设置标尺的单位，其下还可以设置描边和文字的单位。如果仅想为当前文档设置标尺的单位，可以通过【文档设置】对话框来设置，执行【文件】/【文档设置】命令，弹出如图 8-2 所示的【文档设置】对话框。

在【单位】下拉列表中可以改变当前文档标尺的单位，通过该对话框设置的标尺单位不会影响下次新建立的文件标尺单位。

(3)　标尺坐标原点设置。

在水平与垂直标尺上标有"0"处相交点的位置称为标尺坐标原点，系统默认情况下标尺坐标原点的位置在可打印页面的左上角，如果需要，用户可以自己定义坐标原点的位置，操作方式如下。

- 在水平标尺与垂直标尺的交点位置按住鼠标左键并移动指针位置，释放鼠标左键后，即可将标尺坐标原点设置在该处。
- 标尺的坐标原点被调整后，双击标尺交叉点就可以恢复标尺原点的位置。

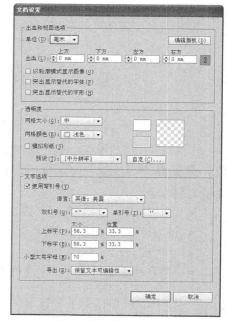

图8-2　【文档设置】对话框

二、　参考线

参考线的作用是辅助对齐对象，使图形的绘制和操作更加灵活方便。下面介绍参考线的添加、删除以及设置方法。

(1)　添加参考线。

将鼠标指针移动到页面中的水平或垂直的标尺上，按下鼠标左键，然后向页面中拖曳，即可添加一条水平或垂直的参考线。用户可以根据需要在工作区中创建多条参考线。

(2)　制作参考线。

用户可以根据需要，将任意的图形或路径转换为参考线，从而得到多种类型的参考线。其制作方法为：首先在页面中选择需要转换为参考线的图形或路径，然后执行【视图】/【参考线】/【建立参考线】命令，则被选择的图形或路径即被转换为参考线。

(3)　锁定与解锁参考线。

在图形绘制过程中为防止无意中移动参考线的位置，可以将参考线锁定。执行【视图】/【参考线】/【锁定参考线】命令（快捷键为 Ctrl+Alt+; 组合键），即可锁定当前页面中的所有参考线；再次选择该命令，取消对此命令的选择状态，则会解除参考线的锁定状态。

(4)　显示与隐藏参考线。

执行【视图】/【参考线】/【隐藏参考线】命令（快捷键为 Ctrl+; 组合键），可将页面中的参考线隐藏；若再执行【视图】/【参考线】/【显示参考线】命令，即可使隐藏的参考线再次显示在页面中。

(5)　移动参考线。

在参考线没有被锁定的状态下，选择 工具，将鼠标指针移动到参考线上，按下鼠标左键并拖曳，可以移动参考线的位置。

(6) 释放参考线。

参考线在没有被锁定的状态下，利用 [↖] 工具选择参考线，然后执行【视图】/【参考线】/【释放参考线】命令（快捷键为 [Ctrl]+[Alt]+[5] 组合键），则被选择的参考线即可转换为可执行旋转、扭曲、缩放等操作的对象。

(7) 智能参考线。

执行【视图】/【智能参考线】（快捷键为 [Ctrl]+[U] 组合键）命令，可以显示智能参考线。智能参考线与普通参考线的区别在于，智能参考线可根据当前执行的操作及状态显示参考线及提示信息。例如，将鼠标指针移动到图形中任一位置，智能参考线以高亮显示，并显示提示信息，如图 8-3 所示。在对图形进行旋转操作时，在旋转角度为 0°、45°、90° 等时，智能参考线将高亮显示旋转轴、旋转角度及相关的操作提示信息，如图 8-4 所示。

图8-3　智能参考线高亮显示形态

图8-4　执行旋转操作时高亮显示形态

(8) 清除参考线。

执行【视图】/【参考线】/【清除参考线】命令，可将创建的参考线清除。

> **要点提示**　若要清除参考线，首先要确认参考线没有在锁定状态下，然后用【选择工具】按钮 [↖] 将其选择，按 [Delete] 键或直接将其拖曳回标尺上，均可将选择的参考线清除。

三、网格

网格是由显示在屏幕上的一系列相互交叉的灰色线构成的，其间距可以在【首选项】对话框中设置。执行【编辑】/【首选项】/【参考线和网格】命令，弹出如图 8-5 所示的【首选项】对话框，在该对话框中可以设置参考线及网格的颜色、样式、网格线间距、次分格线以及网格置后等。

当设置了网格后，执行【视图】/【显示网格】命令，在页面中将显示设置的网格线。如果没有自定义网格线设置，系统将按默认的设置显示网格。当页面中显示有网格时，执行【视图】/【隐藏网格】命令，即可将网格隐藏。如果执行了【视图】/【对齐网格】命令，用户在

图8-5　【首选项】对话框

绘制或移动对象时，系统会自动捕捉对象周围最近的一个网格点并与之对齐。

8.1.2　范例解析——添加参考线

新建一个【宽度】为 "236 毫米"，【高度】为 "176 毫米"，【颜色模式】为 "CMYK" 的文件，然后为文件设置上 3 毫米的出血线。所谓出血，是指作品的内容超出了版心，即进

入了页面的边缘。一般在印刷作品时会将版面内容超出作品实际印刷尺寸 3 毫米，作为印刷后的成品裁切时的偏差。由此计算得到，在本案例中需要在文件垂直方向标尺的"3 毫米"、"173毫米"和水平方向标尺的"3 毫米"和"233 毫米"处分别设置参考线。

1. 执行【文件】/【新建】命令，在【新建文档】对话框中设置【宽度】参数为"236mm"，【高度】参数为"176mm"，单击 ▭ 确定 按钮，创建新文件。

2. 执行【视图】/【显示标尺】命令，页面显示标尺。

3. 选择 ▭ 工具，然后将鼠标指针移动到页面的左上角位置，然后按下鼠标左键并向右下方拖动，如图 8-6 所示。

4. 释放鼠标左键，页面放大显示，标尺刻度显示出了 3 毫米的位置，如图 8-7 所示。

图8-6　拖曳鼠标指针状态

图8-7　显示出的标尺刻度

5. 在左侧的垂直标尺上按下鼠标左键，向 3 毫米位置拖动，如图 8-8 所示。

6. 释放鼠标左键，即可在水平标尺位置的"3 毫米"处添加一条垂直参考线，然后用相同的方法在垂直标尺位置的 3 毫米处添加一条水平参考线，如图 8-9 所示。

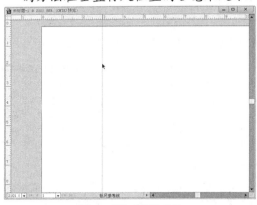
图8-8　添加垂直参考线

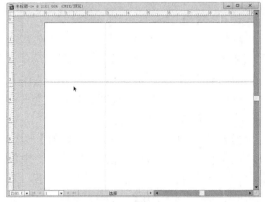
图8-9　添加水平参考线

7. 使用相同的添加方法，分别在垂直标尺的"173 毫米"处和水平标尺的"233 毫米"位置添加上参考线，完成出血线的设置。

8.1.3　课堂实训——节目单排版设计

本节通过设计如图 8-10 所示的节目单练习置入图像文件并排版的操作方法。

图8-10　节目单

【操作步骤】

1. 执行【文件】/【新建】命令，在【新建文档】对话框中设置各项参数如图 8-11 所示。

2. 单击 确定 按钮，创建新文件，如图 8-12 所示。

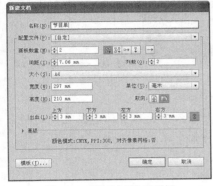

图8-11　【新建文档】对话框

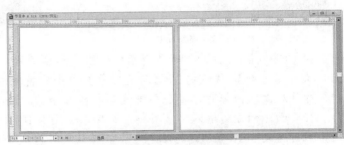

图8-12　创建的新文件

3. 执行【视图】/【显示标尺】命令，页面显示标尺。

4. 利用 🔍 工具将页面标尺放大显示后，在页面 1 水平标尺的 "148.5 毫米" 位置处添加参考线，如图 8-13 所示。

5. 在页面状态栏中单击如图 8-14 所示位置，将页面 2 设置为工作文件。

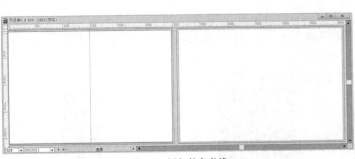

图8-13　添加的参考线

图8-14　设置工作页面

6. 在页面 2 的水平标尺 "148.5 毫米" 位置添加参考线，如图 8-15 所示。

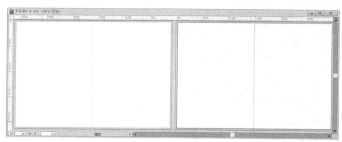

图8-15　添加的参考线

7. 执行【文件】/【置入】命令，将"图库\08 章"目录下的"节目单背景.jpg"图片置入，然后调整放置到页面 1 中，如图 8-16 所示。

8. 再执行【文件】/【置入】命令，将"图库\08 章"目录下的"节目单内页.jpg"图片置入，调整放置到页面 2 中，如图 8-17 所示。

图8-16　置入的图片 1

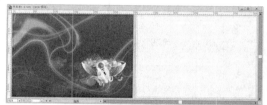

图8-17　置入的图片 2

9. 按 Ctrl+A 组合键，将两个页面中的图片和参考线同时选择。

10. 执行【对象】/【锁定】/【所选对象】命令，将选择的内容在页面中锁定位置，这样在操作后面的内容时，不会再把这些内容选择了，给操作带来很大的方便。

11. 在页面 1 的左边输入"节目单"文字，如图 8-18 所示。

12. 执行【文字】/【创建轮廓】命令，将文字转换成轮廓字。

13. 选择 ✎ 工具，把文字擦出如图 8-19 所示形状。

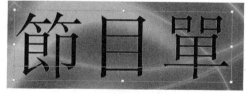

图8-18　输入的文字 1

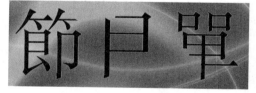

图8-19　擦出的文字形状

14. 利用 ▲ 工具调整文字的笔画，将文字组合成如图 8-20 所示的形状。

15. 利用 ▭ 工具绘制线条和矩形与文字进行组合，然后填充成白色，调整大小后放置在如图 8-21 所示的页面位置。

16. 利用 T 工具在矩形框中输入如图 8-22 所示的文字。

图8-20　组合的文字

图8-21　绘制的线条

图8-22　输入的文字 2

17. 利用 T 工具输入如图 8-23 所示的文字。

18. 执行【文字】/【创建轮廓】命令，将文字转换成轮廓字。

19. 打开【色板】给文字填充渐变颜色，如图 8-24 所示。

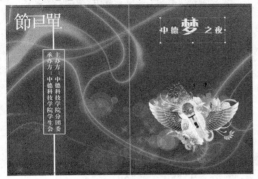

图8-23　输入的文字 3

图8-24　填充渐变颜色

20. 执行【对象】/【路径】/【偏移路径】命令，设置参数如图 8-25 所示。

21. 单击 确定 按钮，然后给文字填充白色，如图 8-26 所示。

图8-25　【偏移路径】对话框

图8-26　填充颜色

22. 执行【效果】/【风格化】/【投影】命令，设置参数及效果如图 8-27 所示，单击 确定 按钮。

23. 利用 T 工具输入如图 8-28 所示的文字。

图8-27　投影效果

图8-28　输入的文字

24. 执行【对象】/【封套扭曲】/【用变形建立】命令，设置参数及效果如图 8-29 所示，单击 确定 按钮。

25. 利用 ▢ 工具绘制 3 个色块并放置在文字的下面，如图 8-30 所示，颜色分别为绿色（C:70,Y:100）、黄色（M:50,Y:100）和蓝色（C: 100）。

图8-29 文字变形

图8-30 绘制的色块

26. 利用 T 工具在页面 2 中输入上节目文字内容。设计完成的节目单样册如图 8-31 所示。

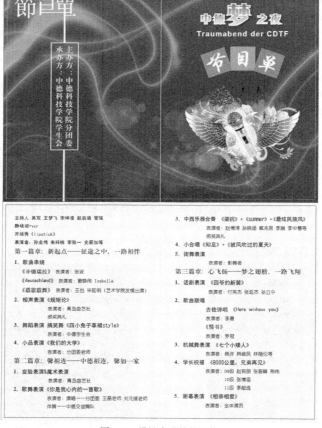

图8-31 设计完成的节目单

27. 按 Ctrl+S 组合键，将此文件保存。

8.2 图层和蒙版

在实际的操作过程中，图层和蒙版的作用是非常重要的。通过创建图层，可以将图形独立出来，以便更方便灵活地进行编辑。利用蒙版的遮盖功能，可以把图像或图形放置到指定的路径之内，得到图像根据指定的路径区域而显示的效果。

8.2.1 功能讲解

一、【图层】面板

形象地说，图层可以看作是许多形状相同的透明画纸叠加在一起，位于不同画纸中的局部图形叠加起来便形成了完整的图形。图层的最大优点就是可以方便地修改绘制的图形，主要包括同一图层中对象的复制、删除、隐藏、显示、锁定和移动等。执行【窗口】/【图层】命令（其快捷键为 F7 键），弹出如图 8-32 所示的【图层】面板。

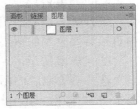

图8-32 【图层】面板

（1）创建新图层。

在【图层】面板中创建新图层的方法主要有两种。

- 单击【新建图层】按钮 ，即可创建一个新图层。
- 单击【图层】面板右上角的 按钮，在弹出的下拉菜单中选择【新建图层】命令。

图层与群组一样可以嵌套，当用户创建一级图层后，还可以在其下创建子图层，而子图层还可以再次嵌套子图层。如果要创建图层的子图层，可以在面板的下拉菜单中选择【新建子图层】命令，或直接单击【图层】面板中的【创建子图层】按钮 即可。当图层创建子图层后，在此图层名称的前方将显示"▶"图标，单击此图标，将其转换为"▼"形态，即可将其下的子图层展开。

（2）图层选项的设置。

利用【图层选项】对话框可以对图层的属性进行设置。在【图层】面板中选择需要设置的图层，然后在其下拉菜单中选择【图层选项】命令，或在该控制面板中直接双击图层，即可弹出如图 8-33 所示的【图层选项】对话框。通过该对话框可完成对图层名称、颜色的设置以及按照模板新建图层、图层是否锁定、是否显示、被打印、是否显示和图层内容的变暗比例等的设置。

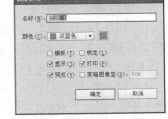

图8-33 【图层选项】对话框

（3）移动图层及图层中的对象。

【图层】面板中的图层是按照一定的顺序叠放在一起的，图层叠放的顺序不同，在页面中产生的效果也不同，因此在作图的过程中，经常需要移动图层，调整其叠放顺序。其方法为：在【图层】面板中选择要移动位置的图层，然后将其向上或向下拖曳，此时【图层】面板中会有一线框跟随鼠标指针移动，当线框调整至适当的位置后，释放鼠标左键，当前图层即会移动到释放鼠标按键的图层位置。

利用【图层】面板可以在不同的图层上方便地移动对象。首先选择需要移动的对象，然后在该图层右侧按下鼠标左键并将其拖曳至目标图层中即可。

另外，利用【编辑】菜单栏中的【剪切】、【复制】、【粘贴】命令，也可以将选择的对象移动到其他的图层中。首先在页面中选择要移动的对象，按 Ctrl+X 组合键，将其剪切，然后将要移动至的目标图层设置为当前工作层，按 Ctrl+V 组合键，即可将剪切的对象移动到当前图层。

> **要点提示**　在利用【剪切】和【复制】命令移动对象时，如【图层】面板下拉菜单中的【粘贴时记住图层】
> 命令处于选择状态，则被粘贴的对象将总被粘贴至它们原来所在的图层中；只有将此命令的选择
> 取消，才可将被粘贴的对象移动到指定的图层中。

　　(4)　复制图层。

　　选择需要复制的图层，然后在其下拉菜单中选择【复制图层】命令，或在【图层】面板中直接将要复制的图层拖曳到 按钮上，即可将选择的图层复制。

　　(5)　删除图层。

　　选择需要删除的图层，然后在其下拉菜单中选择【删除图层】命令，或单击【图层】面板中的 按钮，即可将选择的图层删除。

　　(6)　隐藏及显示图层。

　　在操作过程中，为了更加方便地操作，有时需要将某个或多个图层隐藏，以减少在操作过程中的干扰。

　　在【图层】面板中，每个图层的左侧都有一个 " " 图标，这表明该图层处于显示状态。单击该图标，" " 图标消失，同时页面中该图层中的对象也消失，这表明该图层处于隐藏状态。反复单击此图标，可以使图层在显示与隐藏之间转换。

　　若在【图层】面板中有很多隐藏的图层，想将其全部显示，可以在【图层】面板的下拉菜单中选择【显示所有图层】命令，即可使所有的图层显示出来。

　　(7)　以线稿形式显示。

　　以线条稿形式显示图层中的图形，可以在很大程度上提高操作速度，减少绘图时间。按住 Ctrl 键单击任意图层左侧的 " " 图标，该图标将变为 " " 图标，此时所有位于该图层中的对象都将以线稿的形式显示；再次按住 Ctrl 键单击该图层左侧的 " " 图标，可使该图层中的图形再次以预览的形式显示。

　　(8)　锁定图层。

　　锁定图层可以使图层中的所有对象处于锁定状态，以保护该图层中的所有对象不会被编辑或删除；解除图层的锁定状态后，即可恢复对图层中操作对象的编辑状态。

　　在【图层】面板中单击 " " 图标右侧的灰色框，可以锁定当前图层。图层被锁定后，在灰色框位置处将出现 " " 标记，表示该图层已经被锁定；再次单击 " " 标记，即可解除图层的锁定状态。

　　如果要锁定当前操作图层之外的其他图层，首先要在【图层】面板中选择需要编辑的当前图层，然后在【图层】面板的下拉菜单中选择【锁定其他图层】命令，或按住 Alt 键单击编辑图层前面的灰色框，即可将其他图层锁定。当将其他图层锁定后，【图层】面板下拉菜单中的【锁定其他图层】命令将显示为【解锁所有图层】命令，再次选择此命令，可解除所有锁定图层的锁定状态。

　　(9)　图层合并。

　　在操作过程中，过多的图层将会占用许多内存资源，所以有时候需要将多个图层进行合并。首先在【图层】面板中选择需要合并的图层，然后在【图层】面板的下拉菜单中选择【合并所选图层】命令，即可完成图层的合并。在执行合并操作时，所选图层中的所有对象都将合并到位于选择图层最上面的图层中。

二、 蒙版

蒙版指的是图形选框以外的部分。蒙版也可以看作是一种选区，但它跟常规的选区有所不同。常规的选区表现了一种操作的趋向，即可以对所选区域进行编辑处理；而蒙版却相反，它是对所选区域进行保护，让其免于操作，而对非掩盖的地方应用操作。

蒙版具有遮盖图形的功能，它可以遮挡住蒙版以外的图形使其不能显示，只有蒙版以内的图形才能透过蒙版显示出来。图 8-34 所示为制作蒙版之前选择的路径与制作蒙版后的效果。

在制作蒙版效果之前，首先要将用作蒙版的路径放置于被遮盖对象的上面，并用选择工具将两者同时选择，然后执行【对象】/【剪切蒙版】/【建立】命令，即可将位于上层的路径制作为蒙版。将路径制作为蒙版之后，路径将丢失

图8-34 制作蒙版之前与制作之后的效果对比

原来的填充及笔画属性，也就是变为一条填充色与笔画色均为无色的蒙版路径。创建蒙版之后，执行【对象】/【剪切蒙版】/【释放】命令，可以将蒙版路径与被遮盖对象分离。

(1) 设置不透明蒙版。

要制作图像的不透明蒙版效果，需要选择两个用于制作不透明蒙版的图像，执行【窗口】/【透明度】命令，打开如图 8-35 所示的【透明度】面板，单击右上角的 按钮，在弹出的下拉菜单中选择【建立不透明蒙版】命令即可。图 8-36 所示为将人物图片放置在风景图片上方生成的透明蒙版效果。

图8-35 【透明度】面板

图8-36 选择的原图与生成的不透明蒙版效果对比

制作不透明蒙版效果后，【透明度】面板形态如图 8-37 所示。利用该面板还可以对其进行编辑，包括取消不透明蒙版效果、禁用/启用蒙版效果及剪切与反转透明蒙版效果等。

(2) 取消透明蒙版效果。

要取消透明蒙版效果，可以在透明蒙版效果被选中的情况下，在【透明】面板的下拉菜单中选择【释放不透明蒙版】命令即可。

(3) 禁用/启用透明蒙版效果。

禁用蒙版效果命令可以在不取消透明蒙版的情况下，观察未使用蒙版前的图形效果。其操作为：在透明蒙版效果处于被选择的情况下，在【透明】面板的下拉菜单中选择【停用不透明蒙版】命令。此时页面中将只显示需要制作蒙版效果的图像，且【透明度】面板中用于制作蒙版的图像上显示一个红色的叉号，如图 8-38 所示。

图8-37 【透明度】面板形态

图8-38 【停用不透明蒙版】命令后的面板形态

当选择【停用不透明蒙版】命令后，系统会自动将此命令变为【启用不透明蒙版】命令，再次选择此命令，可还原图像的透明蒙版效果。

(4) 剪切不透明蒙版效果。

如果在【透明度】面板中勾选【剪切】复选项，需要制作效果的图像将根据上面用于制作效果的图像进行剪切，从而生成具有部分隐藏的图像效果。

(5) 反相透明蒙版效果。

如果在【透明度】面板中勾选【反相蒙版】复选项，系统会将生成的蒙版图像进行反相，即将用来制作蒙版效果对象中的深色调区域显示其底层需要添加蒙版效果的图像，而浅色调区域将隐藏底层的图像，如图 8-39 所示。

图8-39 选择【反相蒙版】选项前后的效果对比

8.2.2 范例解析——应用图层设计封面

本实例将设计如图 8-40 所示的图书封面，使读者掌握如何设计封面印刷稿，并更加明确图层在设计中的重要性。封面的印刷成品尺寸为宽 185mm、高 260mm、书脊厚度 20mm。

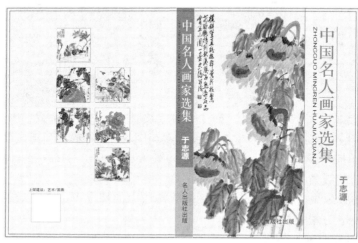

图8-40 设计完成的封面

1. 启动 Illustrator CS6 软件，执行"文件/新建"命令，弹出"新建文档"对话框，分别设置选项和参数如图 8-41 所示，单击 确定 按钮，新建文件。

2. 利用 ▢ 工具沿着出血线绘制矩形，然后填充上浅色（C:5,M:5,Y:10），打开【图层】面板查看图层，如图 8-42 所示。

图8-41 设置选项和参数

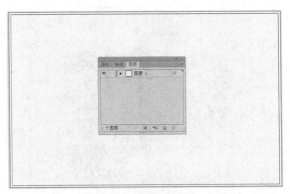

图8-42 绘制的图形

3. 在【图层】面板中双击"图层 1"位置，把名称改为"底色"，然后锁定该图层，如图 8-43 所示。

4. 单击 按钮，新建"图层 2"，然后把图层名称改成"参考线"，如图 8-44 所示。

5. 按 Ctrl+R 组合键，给文件添加标尺，然后在 185、205 位置添加两条参考线，在【图层】面板中将"参考线"图层锁定，如图 8-45 所示。

图8-43 图层状态

图8-44 新建"参考线"图层

图8-45 添加的参考线

6. 单击 按钮，新建"图层 3"，然后把图层名称改成"图形"，如图 8-46 所示。

7. 选择 工具，在书脊位置绘制两个图形，分别填充上褐色（C:40,M:60,Y:80）和灰色（K:40），如图 8-47 所示。

图8-46 新建"图形"图层

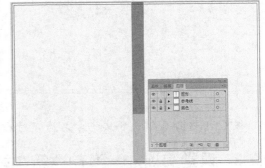

图8-47 绘制的图形

8. 执行【文件】/【置入】命令，将"图库\08 章"目录下的"国画.psd"图片置入。

9. 执行【对象】/【取消编组】命令，调整图片并将其放置到如图 8-48 所示位置。

10. 单击 按钮，新建"图层 4"，然后把图层名称改成"文字"。

11. 在封面和书籍中输入如图 8-49 所示的书名、作者及出版社名称。

图8-48　置入的图片

图8-49　输入的文字

12. 在封面中绘制线条，将出版社名称选中，执行【效果】/【风格化】/【外发光】命令添加外发光效果。

13. 在封底中绘制白色矩形并输入上架建议文字。至此，封面设计完成，整体效果如图8-50 所示。

图8-50　设计完成的封面

14. 按 Ctrl+S 组合键，将文件命名为 "封面.ai" 并保存。

8.2.3　课堂实训——海韵冰箱车站广告设计

本节通过设计如图 8-51 所示的海韵冰箱车站广告练习本章所学习的内容。

【操作步骤】

1. 执行【文件】/【置入】命令，将 "图库\第 08 章" 目录下的 "健美.psd" 和 "苹果.psd" 文件置入。

2. 将置入的图片组合，然后利用 工具绘制一个矩形，如图 8-52 所示。

3. 执行【对象】/【裁切蒙版】/【建立】命令，为图片添加裁切蒙版，完成如图 8-53 所示的画面。

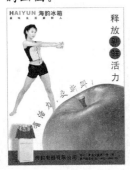

图8-51　设计的冰箱车站广告

图8-52　组合后的图片与绘制的矩形

图8-53　添加裁切蒙版后的画面

4. 利用 工具绘制路径，然后利用 工具沿路径输入文字。

5. 将输入的文字移动复制，然后将复制出的文字颜色分别设置为绿色（G:220,B:50）和黄色（R:255,G:255），制作出文字的投影效果如图 8-54 所示。

6. 将"图库\第 08 章"目录下的"冰箱.psd"文件置入，然后执行【效果】/【风格化】/【投影】命令，为冰箱添加上如图 8-55 所示的投影效果。

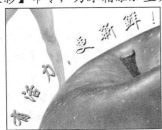

图8-54　制作出的文字投影效果

图8-55　添加投影后的效果

7. 利用 工具绘制红色图形，然后利用 T 工具和 IT 工具输入文字内容，完成海韵冰箱广告画面的设计，如图 8-56 所示。

8. 将"图库\第 08 章"目录下的"车站.jpg"文件置入，将设计完成的广告画面与置入的车站图片进行组合，完成"海韵冰箱"灯箱的设计制作，整体效果如图 8-57 所示。

图8-56　设计完成的广告画面

图8-57　设计完成的车站广告效果

9. 按 Ctrl+S 组合键，将此文件命名为"车站广告.ai"并保存。

8.3 综合案例——设计蛋糕包装平面展开图

本节通过设计如图 8-58 所示的包装平面展开图练习本章介绍的工具和命令。

图8-58 蛋糕包装

【步骤提示】

1. 执行【文件】/【新建】命令，新建一个【宽度】参数为"700mm"，【高度】参数为"600mm"的文件，然后根据页面大小绘制一个灰色的矩形，再执行【对象】/【锁定】/【所选对象】命令，将矩形锁定。

2. 给文件添加上标尺后，根据蛋糕包装平面展开图的结构和尺寸来添加参考线。每一个面的尺寸可以找一个类似的包装盒将其展开后通过测量来定义。本例添加的参考线如图 8-59 所示。

3. 利用 ▣、✍ 和 ▶ 工具，根据参考线绘制平面展开图的每一个结构，如图 8-60 所示。

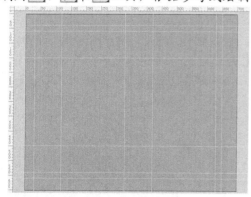

图8-59 添加的参考线

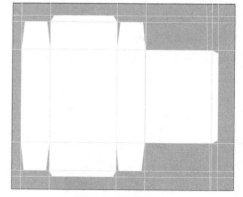

图8-60 绘制的结构

4. 利用 ▣ 工具给各个面的图形填充上深蓝色（C:100,M:100,K:14）到浅蓝色（C:65,M:32,K:9）再到深蓝色（C:100,M:100,K:14）的线性渐变颜色，上边的面和下边的面填充深蓝色（C:100,M:100,Y:14），整体效果如图 8-61 所示。

5. 按 Ctrl+A 组合键，将页面中的所有图形选择，然后执行【对象】/【锁定】/【所选对象】命令，将所有图形锁定，这样在后面编辑其他图形时，这些图形就不会被选择。

6. 执行【文件】/【置入】命令，将"图库\第08章"目录下的"蛋糕.jpg"文件置入。

7. 利用 ⬚工具和 ⬚工具在包装盒正面下方位置绘制出如图 8-62 所示的图形。

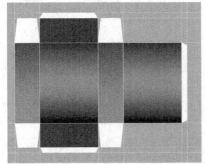

图8-61　填充颜色效果

图8-62　绘制的图形

8. 将绘制好的图形与置入的图片一起选择，然后执行【对象】/【剪切蒙版】/【建立】命令，创建蒙版后的形态如图 8-63 所示。

9. 利用 ⬚工具和 ⬚工具绘制如图 8-64 所示的图形，颜色填充为浅粉色（M:20）到深粉色（M:85）再到浅粉色（M:20）的径向渐变颜色。

图8-63　创建蒙版后的形态

图8-64　绘制的图形

10. 执行【效果】/【风格化】/【投影】命令，给图形添加如图 8-65 所示的投影效果。

11. 利用 ⬚工具和 ⬚工具绘制如图 8-66 所示的图形，填充颜色为深蓝色（C:100,M:100,K:47）到浅蓝色（C:65,M:32,K:9）再到深蓝色（C:100,M:100,K:47）的线性渐变颜色。

图8-65　投影效果

图8-66　绘制的图形

12. 利用 ⬚工具在画面中输入文字，将输入的文字描边宽度设置为"3pt"，颜色设置为红色（M:100,Y:100），如图 8-67 所示。

13. 选择文字后执行【对象】/【扩展】命令，将文字扩展。

14. 执行【对象】/【取消编组】命令，将文字取消编组后分别调整一下大小，并利用 工具把文字调整成如图 8-68 所示的倾斜形态。

图8-67　输入的文字　　　　　　　　　　　　　　　　图8-68　调整后的形态

15. 把文字放置到包装画面中后再绘制如图 8-69 所示的图形。

16. 利用 工具和 工具绘制一条路径后，再利用 工具沿路径输入如图 8-70 所示的文字，文字颜色为紫红色（M:100）。

图8-69　绘制的图形　　　　　　　　　　　　　　　　图8-70　路径文字

17. 单击【符号】面板右上角的 按钮，在弹出的下拉菜单中选择【打开符号库】/【至尊矢量包】命令。在弹出的【至尊矢量包】面板中选择"至尊矢量包 03"符号，将其拖曳到画面中，在符号上单击鼠标右键，在弹出的快捷菜单中选择【断开符号链接】命令，将所选符号转换。

18. 将转换后的符号填充暗红色（C:16,M:100,Y:100,K:16）到浅红色（C:12,M:66Y:58）再到暗红色（C:16,M:100,Y:100,K:16）的线性渐变颜色，效果如图 8-71 所示。

19. 利用 工具输入如图 8-72 所示的白色文字。

图8-71　符号图形　　　　　　　　　　　　　　　　图8-72　输入的文字

20. 把制作的图形全部选择后通过复制得到平面展开图中另一个面上的图形内容，如图 8-73 所示。

21. 通过复制和旋转等操作，为侧面和顶面也复制出图形，如图 8-74 所示。

图8-73　复制得到的图形内容 1　　　　　　　　　　图8-74　复制得到的图形内容 2

22. 利用 T 工具输入如图 8-75 所示的文字，旋转角度后放置到包装的左侧面。

配料：草莓汁、牛奶巧克力、白砂糖、脱脂奶粉、乳糖、奶脂肪、
　　　乳化剂、食用香料、葡萄糖浆、麦芽糖、小麦粉、果胶、食用盐
存储条件：相对湿度60%以下
卫生许可证：京卫食字（2010）第11223355号
保质期：20天
地址：北京市朝阳区青年路00号
电话：010—0000000
北京市迷你食品有限公司

图8-75　输入的文字

23. 利用 ✎ 工具在侧面绘制一个红色（M:100,Y:100）图形，并在绘制好的图形上面输入"换新装了！"文字，包装设计完成，整体效果如图 8-58 所示。

24. 按 Ctrl + S 组合键，将此文件命名为"蛋糕包装.ai"并保存。

8.4　课后作业

1. 新建【名称】为"梦想篇"，【宽度】为"42.6 厘米"、【高度】为"21.6 厘米"、【颜色模式】为"CMYK"的文件，然后为文件设置上"3 毫米"的出血线，并在水平标尺位置的"21.3 厘米"处添加垂直参考线。将"图库\第 08 章"目录下的"底图.psd"和"图章.psd"文件置入，编排成如图 8-76 所示的版面。

2. 根据第 8.3 节所学习的包装平面展开图设计，自己动手设计如图 8-77 所示的蛋卷包装盒的平面展开图。

图8-76　编排的版面

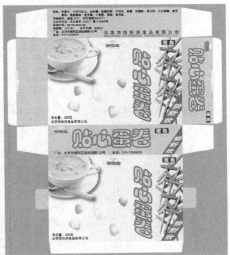

图8-77　蛋卷包装盒平面展开图

【步骤提示】

(1) 新建文件，添加上标尺后根据蛋糕包装平面展开图的结构和尺寸来添加参考线。

(2) 利用 ▣ 工具、✎ 工具和 ◣ 工具，根据参考线绘制出平面展开图的每一个结构，如图 8-78 所示。

(3) 利用 ▣ 工具，给两个主展面填充从白色到绿色（C:30,Y:65）的渐变颜色，效果如图 8-79 所示。

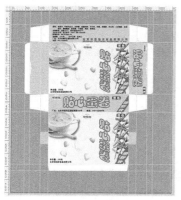

图8-78　绘制的结构图形

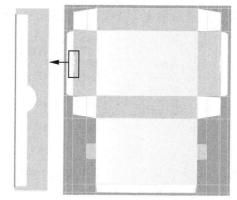

图8-79　填充的渐变颜色

(4) 将"图库\第 08 章"目录下的"菊花卷.psd"和"蛋卷.psd"文件置入,利用【对象】/【剪切蒙版】/【建立】命令,创建蒙版后编排成如图 8-80 所示的版面。

(5) 利用 ✎ 工具和 ↖ 工具绘制图形,利用 ▥ 工具填充渐变颜色后再放置上文字,如图 8-81 所示。

图8-80　图片放置的位置

图8-81　绘制的图形

(6) 通过复制在两个主展面中得到如图 8-82 所示的图形。

(7) 将"图库\第 08 章"目录下的"标志.ai"文件置入,在包装中输入文字内容,完成包装设计,效果如图 8-83 所示。

图8-82　复制出的图形

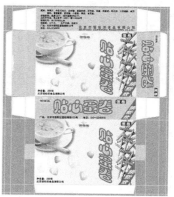

图8-83　输入的文字

第9章　效果的应用

本章将讲解【效果】菜单命令的应用。利用该菜单下的命令，可以为绘制的图形或处理的图像制作出许多种特殊的艺术效果及精美的底纹效果。在作图的过程中灵活运用这些命令，可以为作品锦上添花。

【学习目标】
- 了解各种效果命令的功能和作用。
- 学会几种效果的制作方法。
- 学习电子贺卡的制作。

9.1　【效果】菜单

Illustrator CS6 中【效果】命令的下拉菜单如图9-1所示。该菜单下的前两个命令默认情况下分别显示为【应用上一个效果】和【上一个效果】，但当执行了任一效果命令后，这两个命令将显示该效果的名称。如对选择的图像执行了【位移路径】命令，再次打开【效果】菜单时，前两个命令将分别显示为【应用"位移路径"】和【位移路径】。此时如选择【应用"位移路径"】命令，系统将对选择的图形直接进行路径的位移，其参数为上一次应用【位移路径】命令时的相同设置；如选择【位移路径】命令，系统将弹出【位移路径】对话框，此时用户可根据当前的需要对其参数进行重新设置。

图9-1　【效果】菜单

> 这两个命令的设置大大提高了用户的工作效率，使用户在连续执行多个相同的效果命令时不必每次都到【效果】命令菜单的子菜单中进行选择。如果在画面中进行了两步以上的效果操作，【效果】菜单下的前两个命令将显示为最后一次使用的效果命令。

9.1.1　功能讲解

【效果】菜单下还有两类菜单组，一类是 Illustrator 效果，另一类是 Photoshop 效果。Illustrator 效果为矢量效果，主要应用于矢量图形，只有部分命令可以应用到位图图像上。Photoshop 效果为位图效果，可以应用到位图图像上，但无法应用到矢量对象或黑白位图对象上。

一、 Illustrator 效果

(1) 【3D】：3D 效果可以从二维（2D）图形创建三维（3D）对象。用户可以通过高光、阴影、旋转及其他属性来控制 3D 对象的外观，还可以为 3D 对象中的每一个表面贴图。

(2) 【SVG 滤镜】：此命令是一种综合的效果命令，它可以将图像以各种纹理填充，并进行模糊及设置阴影效果。

(3) 【变形】：使用【变形】效果命令可以对选择的对象进行各种弯曲效果设置。

选择【效果】/【变形】命令，将弹出下一级子菜单。选择【变形】子菜单下的任一命令，系统都将弹出【变形选项】对话框，其中的选项除选择的【样式】不同外，其余的命令完全相同，其形态如图 9-2 所示。

图9-2 【变形选项】对话框

- 【样式】选项：此选项决定选择对象的变形形态，其下拉列表中的选项与【变形】命令子菜单中显示的命令相同。
- 【弯曲】选项：决定选择对象的变形程度。数值为正值时，选择对象向上或向左变形；数值为负值时，选择对象向下或向右变形。
- 【扭曲】栏：决定选择对象在变形的同时是否扭曲。其下包括【水平】和【垂直】两个单选项。
- 【水平】和【垂直】单选项：决定选择对象的变形操作在水平方向上还是在垂直方向上。
- 【预览】复选项：勾选此复选项，将在画面中预览到对象的变形效果。

当在【变形选项】对话框中选中【水平】单选项时，各种样式的文字效果如图 9-3 所示。

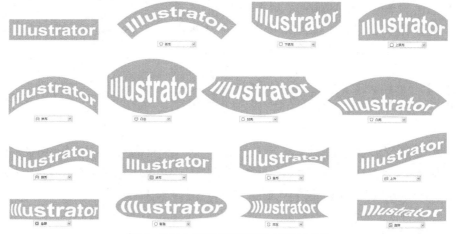

图9-3 选中【水平】单选项时的文字变形效果

(4) 【扭曲和变换】：【扭曲和变换】子菜单下包括【变换】、【扭拧】、【扭转】、【收缩和膨胀】、【波纹效果】、【粗糙化】和【自由扭曲】命令。

- 【变换】命令：可以使选择的对象按精确的数值缩放、移动、旋转、复制及镜像等。
- 【扭拧】命令：可以对操作对象产生随机的涂抹效果。

- 【扭转】命令：可以使图形产生围绕中心旋转的变形效果。
- 【收缩和膨胀】命令：可以使操作对象在节点处开始向内或向外发生变化。
- 【波纹效果】命令：可以使图形的边缘产生波纹效果。
- 【粗糙化】命令：可以使图形边缘产生粗糙的效果，当把文字转化为图形以后，再执行此命令可以得到特殊的文字效果。
- 【自由扭曲】命令：可以对操作对象进行自由变形。

(5) 【栅格化】：执行【栅格化】命令可以将矢量对象转换为位图对象。在栅格化过程中，Illustrator 会将图形路径转换为像素。所设置的栅格化选项将决定结果像素的大小及特征。利用此命令栅格化图形，不会更改对象的底层结构；如果要永久栅格化对象，可执行【对象】/【栅格化】命令。

(6) 【裁剪标记】：除了指定不同画板以裁剪用于输出的图稿外，还可以在图稿中创建和使用多组裁剪标记。裁剪标记指示了所需的打印纸张剪切位置。需要围绕页面上的几个对象创建标记时，裁剪标记是非常有用的。裁剪标记在以下方面有别于画板。

- 画板指定图稿的可打印边界，而裁剪标记不会影响打印区域。
- 每次只能激活一个画板，但可以创建并显示多个裁剪标记。
- 画板由可见但不能打印的标记指示，而裁剪标记则用套版黑色打印出来。

(7) 【路径】：使用此命令可以把路径扩展、转换为轮廓化对象或给轮廓进行描边。

(8) 【路径查找器】：利用路径查找器可以将选择的两个或两个以上的图形进行结合或分离，从而生成新的复合图形。

(9) 【转换为形状】：可以将矢量对象的形状转换为矩形、圆角矩形或椭圆，用户可使用绝对尺寸或相对尺寸设置形状的尺寸。对于圆角矩形，应指定一个圆角半径以确定圆角边缘的曲率。使用效果是一个方便的对象改变形状方法，而且它还不会永久改变对象的基本几何形状。效果是实时的，这就意味着用户可以随时修改或删除效果。

(10) 【风格化】：该菜单下的【风格化】命令与【效果】菜单下的【风格化】命令有所不同。利用该菜单下的命令，可以给图形制作内发光、圆角、外发光、投影、涂抹以及羽化效果。

二、Photoshop 效果

(1) 【效果画廊】：执行此命令，将弹出【滤镜库】对话框，在此对话框中可为图像应用多种滤镜效果。

(2) 【像素化】：使用【像素化】效果命令可以使图像的画面分块显示，呈现出一种由单元格组成的效果。

(3) 【扭曲】：使用【扭曲】效果命令可以改变图像中的像素分布，从而使图像产生各种变形效果。

(4) 【模糊】：使用【模糊】效果命令可以对图像进行模糊处理，去除图像中的杂色，以使图像变得较为柔和、平滑。

(5) 【画笔描边】：使用【画笔描边】效果命令可以用不同的画笔和油墨笔触效果使图像产生精美的艺术外观，为图像添加颗粒、绘画、杂色等效果。

(6) 【素描】：使用【素描】效果命令可以利用前景色和背景色来置换图像中的色彩，从而生成一种更为精确的图像效果。

(7) 【纹理】：使用【纹理】效果命令可以在图像上制作出各种特殊的纹理及材质效果。

(8) 【艺术效果】：使用该菜单下的子命令，可以使图像产生多种不同风格的艺术效果。

(9) 【视频】：使用【视频】效果命令可以将视频与普通图像进行相互转换。

(10) 【风格化】：使用【风格化】效果命令可以使图像生成印象派的作品效果，其下的子菜单中只有【照亮边缘】一个命令，它可以搜索图像中对比度较大的颜色边缘，并为此边缘添加类似霓虹灯效果的亮光。

> 要点提示 在处理位图图像时，有些效果和效果命令不能支持 CMYK 颜色模式的文件，所以在使用这些效果和效果命令前，要对文件的颜色模式进行转换。如果要转换文件颜色模式，可执行【文件】/【文档颜色模式】/【RGB】或【CMYK】命令。

9.1.2 范例解析——制作爆炸效果

本节通过制作如图 9-4 所示的爆炸效果，练习本章介绍的部分【效果】命令。

1. 按 Ctrl+N 组合键，创建一个新的文件。
2. 按 F7 键，将【图层】面板打开，并单击面板下方的 ▣ 按钮，新建 "图层 1"，然后利用【矩形】工具 ▣ 在页面中绘制出一个黑色的矩形。
3. 取消对图形的选择，然后将填充色设置为 "无"，描边颜色设置为 "黑色"。
4. 将 "图层 1" 隐藏，再新建 "图层 2"，然后利用 ✎ 工具绘制出如图 9-5 所示的路径。
5. 利用 ▷ 工具将路径调整至如图 9-6 所示的形态。

图9-4 制作的爆炸效果

图9-5 绘制的路径

图9-6 调整后的路径形态

6. 按 Ctrl+C 组合键，将调整后的路径复制到剪贴板中，然后按 F6 键，在弹出的【颜色】面板将图形的填充色设置为红色（M:100,Y:100），效果如图 9-7 所示。
7. 执行【效果】/【风格化】/【羽化】命令，在弹出的【羽化】对话框中设置各项参数如图 9-8 所示。单击 确定 按钮，羽化后的图形效果如图 9-9 所示。

图9-7 填充颜色后的效果

图9-8 【羽化】对话框

图9-9 羽化后的图形效果

8. 将"图层 2"隐藏，再新建"图层 3"，按 Ctrl+F 组合键，将剪贴板中的图形粘贴到当前图形的前面，并将其填充色设置为白色，描边颜色设置为"无"，效果如图 9-10 所示。

9. 将"图层 1"显示，然后按住 Shift+Alt 组合键，将"图层 3"中的图形以中心等比例缩小至如图 9-11 所示的形态。

10. 执行【效果】/【扭曲和变换】/【粗糙化】命令，在弹出的【粗糙化】对话框中设置各项参数如图 9-12 所示。单击 确定 按钮，效果如图 9-13 所示。

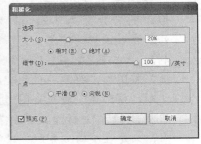

图9-10 贴入的图形   图9-11 缩小后的图形形态   图9-12 【粗糙化】对话框

11. 执行【效果】/【扭曲和变换】/【收缩和膨胀】命令，在弹出的【收缩和膨胀】对话框中设置各项参数如图 9-14 所示。单击 确定 按钮，效果如图 9-15 所示。

图9-13 执行【粗糙化】命令后的图形效果   图9-14 【收缩和膨胀】对话框   图9-15 执行【收缩和膨胀】命令后的图形效果

12. 将"图层 2"和"图层 3"中的图形同时选择，形态如图 9-16 所示，然后双击【混合】工具，在弹出的【混合选项】对话框中将【间距】设置为"指定的步数"，【步数】设置为"12"，并激活 按钮。

13. 单击 确定 按钮，然后将鼠标指针放置到"图层 2"中的图形上，按住鼠标左键并向"图层 3"的图形上拖曳，对两个图形进行混合调整，混合后的效果如图 9-17 所示。

图9-16 选择的图形形态   图9-17 混合后的图形效果

14. 按 Ctrl+S 组合键，将此文件命名为"爆炸效果.ai"并保存。

9.1.3 课堂实训——制作花卉图案

利用【效果】/【风格化】菜单下的【羽化】、【内发光】、【外发光】命令及【效果】/【扭曲和变换】/【变换】命令，制作如图 9-18 所示的花卉图形。

【步骤提示】

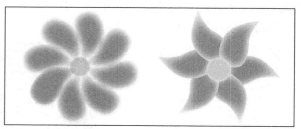
图9-18 制作的花卉图形

1. 新建文件，利用 ⬭ 工具绘制圆形，然后分别为其添加内发光和外发光效果作为花蕊。

2. 利用 ✎ 工具和 ↖ 工具绘制并调整出花瓣图形，将其羽化处理后旋转复制，得到第一种花卉图形。

3. 用相同的方法制作第二种花卉图形，只是在旋转复制时，设置的旋转中心不一样。

9.2 综合案例——绘制电子贺卡

本节通过绘制如图 9-19 所示的贺卡练习本章所介绍的部分【效果】命令。

【步骤提示】

1. 启动 Illustrator CS6 软件，创建一个新文档。

2. 利用 ▣ 工具绘制一个矩形，填充色为浅红色（C:5,M:65,Y:45）。

3. 选择【网格】工具 ▦，将鼠标指针放置在矩形的左上角并单击，添加网格，然后将添加网格控制点的填充色设置为浅黄色（C:5,M:5,Y:60），效果如图 9-20 所示。

4. 利用【网格】工具 ▦ 再次在矩形中单击，添加网格，如图 9-21 所示。

图9-19 设计的贺卡

图9-20 填充颜色后的效果

图9-21 添加的网格

5. 将添加网格控制点的填充色设置为红色（M:73,Y:60），然后在矩形中再次添加网格，并将网格控制点的填充色设置为红色（C:5,M:80,Y:68），效果如图 9-22 所示。

6. 利用 ✎ 工具和 ↖ 工具绘制并调整出如图 9-23 所示的深褐色（C:50,M:85,Y:100,K:20）不规则图形。

7. 利用【网格】工具 在不规则图形中单击添加网格，并将网格控制点的填充色设置为褐色（C:50,M:100,Y:98,K:40），效果如图 9-24 所示。

图9-22　填充红色后的效果　　　　　图9-23　绘制的图形　　　　　图9-24　填充褐色后的效果

8. 利用 工具和 工具绘制并调整出如图 9-25 所示的"蘑菇"图形，其填充色为从黑色到深红色（C:15,M:95,Y:100）的线性渐变颜色。

9. 再次利用 工具和 工具绘制并调整出如图 9-26 所示的"蘑菇柄"图形，填充色为浅黄红色（C:5,M:13,Y:22）。

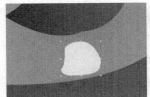

图9-25　绘制的"蘑菇"图形　　　　　　　　図9-26　绘制的"蘑菇柄"图形

10. 利用【网格】工具 在"蘑菇柄"图形中单击添加网格，并将网格控制点的填充色设置为褐色（C:50,M:100,Y:98,K:40），效果如图 9-27 所示，然后将"蘑菇"图形移动至如图 9-28 所示的位置。

11. 利用 工具绘制出如图 9-29 所示的白色圆形。

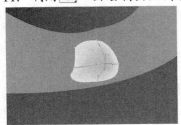

图9-27　填充褐色后的效果　　　图9-28　"蘑菇柄"图形放置的位置　　　图9-29　绘制的圆形

12. 用移动复制图形的方法，将圆形依次复制，并将复制出的图形调整大小后分别放置到如图 9-30 所示的位置。

13. 使用相同的绘制方法，依次绘制并调整出如图 9-31 所示的黄色"蘑菇"图形。

14. 将两个蘑菇图形同时选择，然后按 Ctrl+G 组合键，将选择的图形编组。

15. 按 Ctrl+C 组合键，将编组后的"蘑菇"图形复制到剪贴板中，再按 Ctrl+B 组合键，将剪贴板中的图形粘贴到当前图形的后面，然后将其填充色设置为白色。

16. 执行【效果】/【模糊】/【高斯模糊】命令，在弹出的【高斯模糊】对话框中设置各项参数如图 9-32 所示。

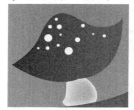

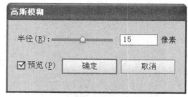

图9-30　复制出的图形放置的位置　　　图9-31　绘制的黄色"蘑菇"图形　　　图9-32　【高斯模糊】对话框

17. 单击 确定 按钮，执行【高斯模糊】命令后的图形效果如图 9-33 所示。

18. 将附盘中"图库\第 09 章"目录下名为"卡通人物.ai"的文件打开，然后将"卡通人物"图形选择，并按 Ctrl+C 组合键，将选择的图形复制到剪贴板中。

19. 将"未标题-1"文件设置为工作状态，按 Ctrl+V 组合键，将剪贴板中的"卡通人物"图形粘贴到当前页面中，然后将其调整大小后放置到如图 9-34 所示的位置。

20. 利用【钢笔】工具 和【转换锚点】工具 ，绘制并调整出如图 9-35 所示的"叶茎"图形，并依次按 Ctrl+[组合键，将其调整至卡通图形胳膊的下方，其填充色为从黑色到深红色（C:15,M:95,Y:100）的线性渐变颜色。

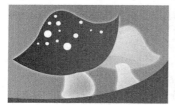

图9-33　模糊后的效果　　　　　　图9-34　图形放置的位置　　　　　　图9-35　绘制的"叶茎"图形

21. 继续利用 工具和 工具绘制并调整出如图 9-36 所示的"叶子"图形，其填充色为从深红色（C:25,M:100,Y:100）到红色（M:70,Y:100）的径向渐变颜色。

22. 执行【效果】/【扭曲和变换】/【粗糙化】命令，在弹出的【粗糙化】对话框中设置各项参数如图 9-37 所示。

23. 单击 确定 按钮，执行【粗糙化】命令后的图形效果如图 9-38 所示。

图9-36　绘制的"叶子"图形　　　　图9-37　【粗糙化】对话框　　　　图9-38　执行【粗糙化】命令后的图形效果

24. 选择"叶子"图形，按 Ctrl+C 组合键，将其复制到剪贴板中，再按 Ctrl+B 组合键，将剪贴板中的图形粘贴到当前图形的后面，然后将其填充色设置为白色。

25. 执行【效果】/【模糊】/【高斯模糊】命令，在弹出的【高斯模糊】对话框中将【半径】参数设置为"20 像素"，单击 确定 按钮，执行【高斯模糊】命令后的图形效果如图 9-39 所示。

26. 利用 [🖋] 工具和 [✎] 工具依次绘制并调整出如图 9-40 所示的"纹理"图形，其描边颜色为红色（M:90,Y:85），描边宽度为"1 pt"。

图9-39　模糊后的效果

图9-40　绘制出的"纹理"图形

27. 使用相同的绘制方法，依次绘制并复制出如图 9-41 所示的"叶子"图形。

28. 绘制并调整出如图 9-42 所示的"树干"图形，填充色为黑色。

图9-41　制作并复制出的叶子图形

图9-42　绘制的图形

29. 绘制并调整出如图 9-43 所示的不规则图形，填充色为从深红色（C:30,M:100,Y:100）到黑色（C:45,M:100,Y:100,K:20）的径向渐变颜色。

30. 利用 [⬭] 工具绘制一个椭圆形，并按 [Ctrl]+[[] 组合键，将其调整至不规则图形的下方，然后将其填充色设置为从浅紫色（C:10,M:40,Y:15）、白色到浅紫色（C:10,M:40,Y:15）的线性渐变颜色，效果如图 9-44 所示。

31. 将不规则图形和椭圆形同时选中，然后将其复制多次，并将复制出的图形调整大小后分别放置到如图 9-45 所示的位置。

图9-43　绘制的不规则图形

图9-44　绘制的椭圆形

图9-45　复制出的图形放置的位置

32. 利用 [T] 工具输入如图 9-46 所示的黑色文字。

图9-46　输入的文字

33. 执行【文字】/【创建轮廓】命令，将文字转换为轮廓图形，然后执行【对象】/【取消编组】命令，将文字轮廓的编组取消。

34. 选择"多"字，并将其填充色设置为深红色（C:15,M:100,Y:90,K:10），描边颜色为白色，描边宽度为"2 pt"，效果如图 9-47 所示。

35. 用户可根据自己的喜好依次给其他文字设置颜色，然后旋转角度后放置在画面的左上角，如图 9-48 所示。

图9-47　调整后的文字效果　　　　　图9-48　旋转后的文字

36. 至此，贺卡绘制完成，其整体效果如图 9-19 所示。按 Ctrl+S 组合键，将此文件命名为"贺卡.ai"并保存。

9.3　课后作业

1. 利用【效果】/【风格化】/【添加箭头】命令，在选择的路径上添加如图 9-49 所示的箭头效果。

2. 利用【效果】/【风格化】/【羽化】命令，将附盘"图库\第 09 章"目录下名为"照片.jpg"的文件制作出如图 9-50 所示的羽化效果。

3. 利用【效果】/【素描】/【图章】命令，将附盘"图库\第 09 章"目录下名为"照片.jpg"的文件制作出如图 9-51 所示的黑白线描画效果。

图9-49　箭头效果

图9-50　制作的羽化效果

图9-51　制作的黑白线描画

第10章 VI 企业形象设计

VI（Visual Identity，视觉识别系统）企业形象是企业对内、对外传达信息的大众化媒体，它们既是企业的外部形象，也是企业的内部形象。社会大众和消费者往往是通过企业形象识别系统来认识企业的，它们是扩大企业知名度的窗口，对企业形象的树立有极大的影响。

本章将主要以"科达荷兰假日 VI 手册"为例，带领读者学习 VI 的设计方法，内容包括 VI 设计理论知识、标志设计、标准字设计、标志标准组合以及各应用部分内容。

【学习目标】
- 了解 VI 概念。
- 了解企业导入 VI 的重要性。
- 了解 VI 设计包括的内容。
- 了解 VI 设计的基本原则。
- 学习并掌握 VI 所包含内容的设计方法。

10.1 VI 设计理论知识

下面简要介绍一下有关 VI 设计的理论知识。

一、VI 基本概念

VI 为视觉识别系统，是以企业标志、标准字、标准色为核心展开的完整的、系统的视觉传达体系。它是将 CIS（Corporate Identity System，企业形象识别系统）的非可视内容转化为静态的视觉识别符号，用丰富的、多样的应用形式，在最为广泛的层面上，进行最直接的视觉传播的一种设计手段。VI 也是 CIS 设计中最具传播力和感染力的一部分，它最容易被公众接受，是传播企业经营理念、建立企业知名度、塑造企业形象的快速便捷途径。

二、企业导入 VI 的重要性

任何一家企业，要想在市场众多品牌中突出自己的产品，具有市场的竞争力，让消费者认识自己的企业、认可自己的产品，那么尽快导入并实施 VI 战略是非常有必要的。

三、VI 设计包括的内容

VI 一般包括基础部分和应用部分两大内容。其中，基础部分一般包括企业名称、标志、标识、标准字体、标准色、辅助图形、宣传口号、标志和标准字的组合、禁用规则等；应用部分一般包括办公用品、企业外部建筑环境、企业内部建筑环境、标牌旗帜、交通工具、服装服饰、广告媒体、产品包装、公务礼品、陈列展示、印刷品等。

四、VI 设计的基本原则

VI 的设计不是机械的符号操作，而是以 MI（理念识别）为内涵的生动表述。VI 设计应多角度、全方位地反映企业的经营理念，在进行 VI 设计时要注意以下几点。

(1)　风格统一性原则。

(2)　强化视觉冲击原则。

(3)　强调人性化原则。

(4)　增强民族个性与尊重民族风俗原则。

(5)　可实施性原则。

(6)　符合审美规律的原则。

(7)　严格管理的原则。

VI 系统内容相当广泛，在实施过程中要充分注意各实施部门或人员的一致性，应严格按照 VI 手册的规定执行，保证企业视觉识别的统一性。

10.2　范例解析——科达荷兰假日 VI 设计

标志、标准字等这些基本的视觉形象都是企业 VI 设计必须要有的内容，VI 企业视觉识别系统所包含的内容相当广泛，本节列举了 8 个方面来介绍其基本设计方法。

10.2.1　设计科达荷兰假日标志

对于标志、标准字体等这样的企业视觉形象设计来说，采用 Illustrator 来进行设计应该说是设计者非常明智的选择，因为 Illustrator 软件绘制出的是矢量图形，在图形的绘制、修改等方面容易操作，也更容易被后期应用到其他设计作品中。

1.　启动 Illustrator CS6 软件，新建一个图形文件。

2.　选择【椭圆】工具 ⬤，按住 Shift 键，绘制出如图 10-1 所示圆形。

3.　打开【色板】面板，给圆形填充黑色，然后将图形的描边去除。

4.　执行【对象】/【变换】/【缩放】命令，在【比例缩放】对话框中将【比例缩放】参数设置为 "106%"，如图 10-2 所示。

5.　依次单击 复制(C) 和 确定 按钮，在原图位置放大复制出一个同心圆图形。

6.　按 X 键，将工具箱下面的【填色】切换到当前设置状态，然后单击下面的 ⬜，将图形的填充色去除。在属性栏中设置 描边⬦3 pt 参数为 "3 pt"，得到如图 10-3 所示的圆形轮廓线。

图10-1　绘制的圆形

图10-2　【比例缩放】对话框

图10-3　复制出的图形

7.　执行【视图】/【显示标尺】命令，将标尺显示在绘图窗口中，然后分别在左边和上边的标尺上按下鼠标左键并向图形中拖曳以添加两条参考线，如图 10-4 所示。

8.　利用 ▶ 工具将图形及参考线全部选择，单击属性栏中的 ⬒ 与 ⬓ 按钮，将参考线与圆形分别按照"水平居中"和"垂直居中"对齐，如图 10-5 所示。

9. 选择【缩放】工具 ，在如图 10-6 所示的位置按下鼠标左键并拖曳，局部放大显示图形。

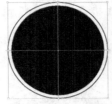

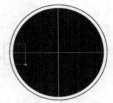

图10-4 添加的参考线　　　　　　图10-5 对齐后的形态　　　　　　图10-6 放大图形状态

10. 利用【选择】工具将圆形轮廓线选择，再选择【剪刀】工具 ✂，将鼠标指针放置在参考线与圆形轮廓线左边的交点位置，当鼠标指针显示为红色时单击，将轮廓线剪开，如图 10-7 所示。

> **要点提示**　此处虽然把轮廓线剪开了，但在视觉上没有感觉到有任何变化，只有将线的其中一端移动位置后才会看出变化的。此处剪开线，目的是为了下面需要利用【橡皮擦】工具擦除线，如果不先将线剪断，在擦除时，不能得到分开的线效果。

11. 双击【橡皮擦】工具 ✏，在打开的对话框中将【直径】参数设置为"8 pt"，如图 10-8 所示，单击 确定 按钮关闭对话框。

12. 将鼠标指针放置在参考线与圆形轮廓线的交点位置，当鼠标的指针显示为红色时单击，将轮廓线擦除成一个缺口，如图 10-9 所示。

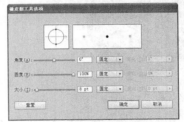

图10-7 剪开轮廓　　　　图10-8 【橡皮擦工具选项】对话框　　　　图10-9 擦除得到的缺口

13. 使用相同的擦除方法，将圆形线的上、下和右边与参考线的交叉位置也擦除，得到如图 10-10 所示的形态。

14. 选择【椭圆】工具 ⬭，按住 Shift 键在擦除的缺口位置绘制一个无轮廓线的黑色小圆形，大小与位置如图 10-11 所示。

15. 选中小圆形，选择【旋转】工具 ↻，将鼠标指针放在参考线与圆心的交点上单击，如图 10-12 所示，设置旋转中心的位置。

图10-10 擦除得到的缺口　　　　图10-11 绘制的圆形　　　　图10-12 设置旋转中心

16. 同时按住 Alt 键和 Shift 键，再按下鼠标左键拖动旋转复制图形，当旋转跳跃两下之后到如图 10-13 所示的位置时释放鼠标按键。

17. 按住 Ctrl 键，再连续按两次 D 键，重复旋转复制出两个小圆形，如图 10-14 所示。

18. 在工具箱的下边位置将工具的【填充】和【描边】都设置为白色，在属性栏中设置 【描边】参数为 "3 pt"。

19. 选择【椭圆】工具 ⬭ ，按住 Shift 键和 Ctrl 键，以参考线的交点位置为圆心绘制一个白色的同心圆，如图 10-15 所示。

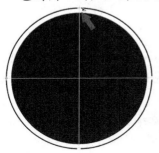
图10-13　释放鼠标按键位置

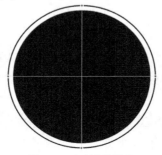
图10-14　复制出的图形

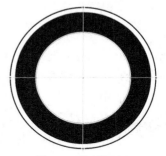
图10-15　绘制的圆形

20. 选择白色圆形，打开【渐变】对话框，设置渐变颜色及效果，如图 10-16 所示。

21. 利用 ✐ 工具绘制出如图 10-17 所示的路径。

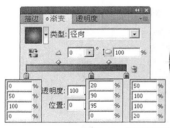
图10-16　设置渐变颜色及效果

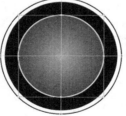

图10-17　绘制的路径

22. 利用 ↖ 工具将路径调整圆滑，得到的形态如图 10-18 所示。

23. 打开【渐变】对话框，设置【类型】为 "线性"，然后单击左侧的渐变滑块，设置【位置】参数为 "35%"，设置颜色参数如图 10-19 所示。

图10-18　绘制的图形

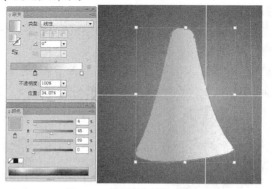
图10-19　设置渐变颜色及效果

24. 执行【视图】/【参考线】/【隐藏参考线】命令，将参考线隐藏。

25. 选择【画笔】工具 ✎ ，绘制出如图 10-20 所示的白色线形。

26. 打开【画笔】面板，将绘制的白色线形选中，然后设置画笔样式如图 10-21 所示。

图10-20 绘制的线条

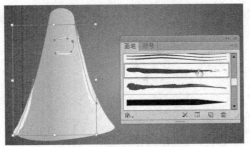

图10-21 设置样式

27. 利用 🖋工具和 ⬚工具绘制出如图 10-22 所示的图形。

28. 选择【吸管】工具 🖋，在如图 10-23 所示填充渐变色的黄色图形上单击。

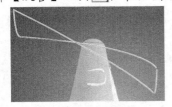

图10-22 绘制的图形

图10-23 单击位置

29. 单击后复制出填充颜色效果，如图 10-24 所示。

30. 在【渐变】对话框中重新给图形设置渐变颜色，效果如图 10-25 所示。

图10-24 复制的渐变颜色

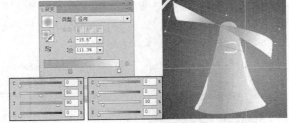

图10-25 设置渐变颜色及效果

31. 利用【画笔】工具 🖋在图形中绘制出如图 10-26 所示的白色线条。

32. 选择 ▸工具，然后按下鼠标左键并拖动，将如图 10-27 所示的图形选中。

图10-26 绘制的线条

图10-27 选择图形

33. 执行【对象】/【锁定】/【所选对象】命令，将选择的图形锁定，这样可以方便下面选择图形的操作。

34. 利用 ▸工具按下鼠标左键并拖动，框选如图 10-28 所示的图形。

35. 执行【对象】/【编组】命令，将选择的图形编组。

36. 选择【旋转】工具 🔄，先按下鼠标左键，再按住 Alt 键，旋转复制出如图 10-29 所示的图形。

图10-28　选择图形

图10-29　复制出的图形

37. 使用相同的绘制方法，再绘制出如图 10-30 所示的"小房子"图形。

38. 在"风车"和"小房子"下面再绘制一个表示"水"的图形，然后设置渐变颜色如图 10-31 所示。

图10-30　绘制的房子

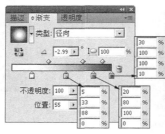

图10-31　设置渐变颜色及效果

39. 利用 ⬭ 工具在标志中再绘制一个同心圆形状的白色轮廓图形，如图 10-32 所示。

40. 选择【路径文字】工具 ✓，单击属性栏中的 字符，打开【字符】设置面板，设置输入文字的属性如图 10-33 所示。

41. 在白色圆形路径的左下角位置单击，插入路径文字输入的起始点，如图 10-34 所示。

图10-32　绘制的图形

图10-33　【字符】设置面板

图10-34　插入文字输入的起始点

42. 沿路径输入如图 10-35 所示的文字，然后执行【视图】/【参考线】/【显示参考线】命令，显示参考线。

43. 在文件顶部的标尺上按下鼠标左键并向标志中拖动，在如图 10-36 所示的标志位置再添加一条参考线。

44. 选择 ▶ 工具，将鼠标指针放置在文字左侧第一个蓝色文字位置调整线上，按下鼠标左键并拖动，在路径上调整文字的位置，使文字的左右两边与添加的参考线对齐，如图 10-37 所示。

图10-35 输入文字

图10-36 添加参考线

图10-37 调整文字

45. 选择【星形】工具 ☆，在标志中绘制白色五角星轮廓图形。通过旋转复制操作得到如图 10-38 所示的图形。
46. 执行【对象】/【全部解锁】命令，将前面操作步骤中锁定的对象解锁。
47. 利用 ▶ 工具将黑色的大圆图形选中，然后给图形填充绿色（C:90,M:60,Y:100,K:50）。
48. 将外面的黑色轮廓线以及 4 个小的黑色点也填充上绿色（C:90,M:60,Y:100,K:50），效果如图 10-39 所示。

图10-38 绘制的五角星

图10-39 设计完成的标志

49. 将标志全部选择，执行【对象】/【扩展】命令，在弹出的【扩展】对话框中保持默认的选项设置不变，然后单击 确定 按钮，将标志扩展。

这样文字就转换成曲线性质了，当该标志在其他计算机上打开时，也不会因为缺少字体而出现字体被替换的问题了。

50. 至此，标志设计完成。按 Ctrl+S 组合键，将文件命名"标志.ai"并保存。

10.2.2 设计标准字

标准字也是企业识别系统中基本视觉要素之一，其运用非常广泛，几乎涵盖了视觉识别体系中的各种应用设计要素。由于文字本身具有明确的说明性，可直接将企业、品牌的名称传达出来，通过自身强烈的视觉风格来强化企业形象与品牌形象。因此，企业标准字的设计在企业识别系统的视觉传达中有着举足轻重的作用。下面来设计"科达荷兰假日"房地产标准字。

1. 启动 Illustrator CS6 软件，新建一个图形文件。
2. 选择【文字】工具 T，在绘图窗口中输入如图 10-40 所示的文字，然后将如图 10-41 所示的"科达"文字选中，将字体设置为"黑体"。

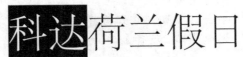
图10-40 输入的文字   图10-41 选择文字

3. 然后将后面的"荷兰假日"文字选中，将字体设置为"方正宋黑简体"（如果读者的计算机中没有安装这种字体，可以到网上下载这种字体后安装使用，或者用其他字体代替进行练习），设置字体后的文字形态如图 10-42 所示。

4. 利用 工具将文字全部选择后，单击属性栏中的 ，打开【字符】设置面板，设置字符间距参数为"40"。执行【对象】/【扩展】命令，弹出【扩展】对话框，保持默认设置不变，直接单击 确定 按钮。

5. 选择【直接选择】工具 ，将"荷兰假日"4 个字选中，如图 10-43 所示。

图10-42　设置的字体　　　　　　　　　　　　　　　　　　图10-43　选择的文字

6. 按下鼠标左键并向右拖动，将选择的 4 个字与前面的两个字拉开一定距离，如图 10-44 所示。

7. 利用【缩放】工具 将"荷"字单独放大显示，再利用 工具将"荷"字笔画调整成如图 10-45 所示的形态。

8. 利用【添加锚点】工具 ，在笔画中添加上 4 个锚点，如图 10-46 所示。

科达　荷兰假日　　　　　　　荷　　　　　　　

图10-44　调整距离　　　　　　图10-45　调整形状　　　　　　图10-46　添加的锚点

9. 利用【转换锚点】工具 ，将笔画调整成如图 10-47 所示的曲线形态。

10. 利用 工具绘制出如图 10-48 所示的图形，然后利用 工具将图形调整成如图 10-49 所示的形状。

荷兰假日　　　　荷兰假日

图10-47　调整形状　　　　　　图10-48　绘制的图形　　　　　　图10-49　调整形状

11. 利用 工具将"荷"字右边的笔画稍微进行调整，使其重叠在刚绘制的图形上面，如图 10-50 所示。

12. 利用 工具，同时按住 Shift 键，将文字与绘制的图形同时选中。

13. 执行【窗口】/【路径查找器】命令，单击 按钮，将文字和绘制的图形相加，然后再单击 扩展 按钮将其扩展成为一体，形态如图 10-51 所示。

14. 选择【编组选择】工具 ，将"兰"字下面的笔画选中，如图 10-52 所示。

图10-50　调整形状　　　　　　　　图10-51　结合后的形状　　　　　　　　图10-52　选择笔画

15. 按 Delete 键删除笔画，然后利用 ✎ 工具和 ✎ 工具制作出如图 10-53 所示的形状。

16. 将绘制的图形和文字同时选择，在【路径查找器】面板中分别单击 ⬚ 和　扩展　按钮，将图形和文字组合在一起，给文字填充深绿色（C:90,M:60,Y:100,K:50），效果如图10-54 所示。

图10-53　绘制的形状　　　　　　　　　　　图10-54　填充颜色效果

17. 选择【椭圆】工具 ⬭ ，在属性栏中设置参数 描边 ÷ 1.3 pt ▼ ，然后在工具箱下面设置【填充】为"无"，【描边】颜色为绿色（C:90,M:60,Y:100,K:50）。

18. 在"达"字的右上角绘制一个小的圆形，利用 T 工具在小的圆圈内输入"R"文字。至此，中文标准字设计完成，整体效果如图 10-55 所示。

图10-55　标准字整体效果

19. 按 Ctrl+S 组合键，将文件命名"标准字.ai"并保存。
上面设计了"科达荷兰假日"的中文标准字，下面再来设计英文标准字。

20. 利用 T 工具输入英文字母，然后在【字符】面板中设置文字参数，如图 10-56 所示。

图10-56　设置文字参数

21. 利用 T 工具通过按下鼠标左键拖选的方法，将如图 10-57 所示的文字选择。

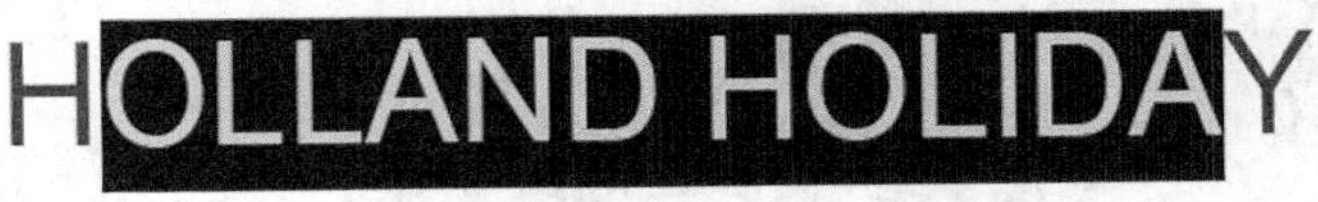

HOLLAND HOLIDAY

图10-57　选择文字

22. 在【字符】面板中给选择的文字设置参数，设置后的文字形态如图 10-58 所示。

图10-58 设置文字参数

23. 继续利用 T 工具，在文字的下面再输入其他文字内容，完成英文标准字的设计，如图 10-59 所示。

图10-59 设计完成的英文标准字

24. 按 Ctrl+S 组合键，将文件保存。

10.2.3 制作标志标准组合

标志和标准字的组合形成了企业完整的视觉形象。在使用标志与标准字进行组合时，要严格按照规定的比例进行制作，包括位置、距离、大小等到要按照统一的标准进行。

1. 启动 Illustrator CS6 软件，新建一个图形文件。
2. 分别打开前面设计的"标志.ai"和"标准字.ai"文件。
3. 利用【编辑】菜单栏下面的【复制】和【粘贴】命令，将标志和标准字分别复制粘贴到新建文件中。
4. 利用 工具将标志选中，按 Shift+F8 组合键，打开【变换】面板，单击右上角的 ，在弹出的菜单中执行【缩放描边和效果】命令。

上面执行【缩放描边和效果】命令的目的是在缩放标志图形时，其描边的轮廓线也一起进行粗细缩放。如果不设置此命令，在缩放标志图形时，其轮廓线还是原来的粗细，不会一起缩放，效果对比如图 10-60 所示。

5. 分别将标志和标准字调整至合适的大小，然后执行【对象】/【编组】命令，将标志和标准字分别进行编组。
6. 将标志和中文标准字进行组合，然后再利用 T 工具输入"城市生活缔造者"，完成如图 10-61 所示的标志与中文标准字的组合。

执行【缩放描边和效果】命令后的标志缩放后效果

不执行【缩放描边和效果】命令后的标志缩放后效果

图10-60 轮廓缩放对比

图10-61 组合后的标志

7. 利用【编组选择】工具 ，将如图 10-62 所示的文字框选，然后将其向左移动到如图 10-63 所示的位置。

图10-62 选择文字 　　　　　　　　　　　图10-63 移动位置 1

8. 将下面的 "城市生活缔造者" 文字选中，并移动到如图 10-64 所示的位置。

图10-64 移动位置 2

9. 双击工具箱中的【比例缩放】工具，在弹出的【比例缩放】对话框中设置参数如图 10-65 所示。单击 确定 按钮，缩放后的文字如图 10-66 所示。

图10-65 【比例缩放】对话框　　　　　　图10-66 缩放后的文字

10. 利用 工具将左边的 "H" 字母选中，然后选择【自由变换】工具，将 "H" 字母在垂直方向上拉伸到如图 10-67 所示的大小。

11. 将标志选中后按住 Alt 键，再移动复制出一个标志，并和英文标准字进行组合，如图 10-68 所示。

图10-67 拉伸文字 　　　　　　　　　　　图10-68 组合标志和文字

12. 使用相同的复制及组合方法，再组合出如图 10-69 所示的两种标志标准字组合。

图10-69 组合后的标志

在组合上下结构标准组合时应注意：单击属性栏中的 按钮可以将标志和标准字按照水平居中对齐。

13. 按 Ctrl+S 组合键，将文件命名 "标志标准组合.ai" 并保存。

10.2.4　设计名片

下面来设计科达荷兰假日房地产项目的名片。

1. 启动 Illustrator CS6 软件，新建一个文件。

2. 将附盘中 "图库\第 10 章" 目录下名为 "纸纹.tif" 的文件置入。

3. 按 Shift+F8 组合键，打开【变换】面板，设置参数如图 10-70 所示，将图片设置为名片的大小，如图 10-71 所示。

图10-70　变换参数设置

图10-71　调整后的大小

4. 利用 T 工具在图片上输入如图 10-72 所示的文字，文字的填充颜色为灰色（K:60）。

5. 执行【窗口】/【透明度】命令，打开【透明度】面板，设置文字的【不透明度】参数及混合模式如图 10-73 所示。

图10-72　输入的文字

图10-73　设置选项及参数

6. 利用 T 工具再输入如图 10-74 所示的文字，文字的填充颜色为灰色（K:50）。

7. 将附盘中 "图库\第 10 章" 目录下名为 "破碎的文字.psd" 的文件置入，如图 10-75 所示。在【透明度】面板中设置文字的混合模式为 "柔光"。

图10-74　输入的文字

图10-75　置入的文字

8. 将附盘中 "图库\第 10 章" 目录下名为 "标志标准组合.ai" 的文件置入。

9. 利用【编组选择】工具 ，将多余的标志选择后按 Delete 键删除，保留如图 10-76 所示的标志组合。

10. 选择 工具，然后按下鼠标左键并拖动，选择如图 10-77 所示的文字和背景图片。

图10-76　保留的报纸

图10-77　框选状态

11. 按住 Alt 键向下移动复制出如图 10-78 所示的文字和背景图片。

12. 将附盘中 "图库\第 10 章" 目录下名为 "象征图像处理.psd" 的文件置入。

13. 在工具箱下面分别将【填色】和【描边】设置为 "无"，然后利用 工具在图片上面绘制一个无填充颜色和描边的矩形，如图 10-79 所示。

图10-78　复制出的图形和文字

图10-79　绘制的矩形

14. 按住 Shift 键，将矩形和下面的图片同时选择。执行【对象】/【剪切蒙版】/【建立】命令，将图片的下半部分隐藏，如图 10-80 所示。

15. 将图片缩小后放置在名片的下面，如图 10-81 所示。

图10-80　建立剪切蒙版后的效果

图10-81　图片放置的位置

16. 利用 T 工具在名片中输入名片信息等文字内容，如图 10-82 所示。

17. 在人名位置绘制一个灰色 （K:70）的小矩形，执行【对象】/【排列】/【后移一层】命令，将灰色小矩形放置到文字的后面，然后利用 T 工具将人名选择后设置成白色，完成名片正面设计，如图 10-83 所示。

图10-82　输入的文字

图10-83　设计完成的名片

18. 按 Ctrl+S 组合键，将文件命名为"名片.ai"并保存。

10.2.5　设计资料袋

下面来设计科达荷兰假日房地产项目的资料袋。

1. 启动 Illustrator CS6 软件，新建一个文件。
2. 将附盘中"图库\第 10 章"目录下名为"纸纹.tif"的文件置入。
3. 将图片选择后按 Shift+F8 组合键，打开【变换】面板，设置参数如图 10-84 所示。
4. 选择 工具，在图片上面绘制如图 10-85 所示的图形。

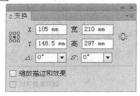

图10-84　参数设置

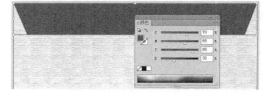

图10-85　绘制的图形

5. 将附盘中"图库\第 10 章"目录下名为"标志标准组合.ai"的文件置入，删除多余的标志并调整大小后放置到如图 10-86 所示的位置。
6. 利用 T 工具在资料袋中输入文字，并利用 工具绘制直线，如图 10-87 所示。
7. 将附盘中"图库\第 10 章"目录下名为"标准字.ai"的文件置入，如图 10-88 所示。

图10-86　标志图形

图10-87　绘制的直线及输入的文字

图10-88　置入的标准字

8. 利用 工具将英文标准字选中并删除，保留中文标准字。

9. 将中文标准字选择后，执行【对象】/【扩展】命令，在弹出的【扩展】对话框中直接单击 确定 按钮，将标准字扩展。

10. 将标准字填充为黑色（K:100）后调整其大小并放置在资料袋的下方，然后输入文字并绘制一条黑色的线，如图 10-89 所示。

11. 利用 ◉ 工具，在资料袋上面绘制两个白色的圆形。

12. 选择所有图形和文字，然后单击属性栏中的 ▦ 按钮，将所有内容全部按照水平居中对齐。至此，资料袋设计完成，整体效果如图 10-90 所示。

图10-89　输入的文字

图10-90　绘制的图形

13. 按 Ctrl+S 组合键，将文件命名为"资料袋.ai"并保存。

10.2.6　设计信纸

下面来设计科达荷兰假日房地产项目的信纸。

1. 启动 Illustrator CS6 软件，新建一个 A4 大小的文件。

2. 执行【视图】/【显示标尺】命令，将标尺显示在文件的左边和上边。

3. 在左边的标尺上按下鼠标左键并向文件中拖动，分别在"20"和"190"的位置添加标尺，如图 10-91 所示。

图10-91　添加参考线

4. 将附盘中"图库\第 10 章"目录下名为"标志标准组合.ai"的文件置入，保留上下组合的英文名称标志，然后再利用 T 工具在标志的右侧输入如图 10-92 所示的文字。

图10-92　输入的文字

5. 将附盘中"图库\第 10 章"目录下名为"灰度图像.psd"和"中文标准字.ai"的文件置入，放置在信纸的下边位置。

6. 选择【直线段】工具 ⌿，设置属性栏中的参数 ⌖ 2 pt ▾，绘制一条深绿色
（C:90,M:60,Y100:K50）的直线，然后利用 Ⓣ 工具在直线的下面输入文字，如图 10-93 所示。

图10-93 图片及文字位置

7. 选择图片，单击属性栏中的 不透明度 ，在弹出的面板中设置【不透明度】参数如图 10-94 所示。

8. 再选择企业标准字，设置属性栏中的参数 不透明度 50% ▾，降低不透明度后的图片和文字效果如图 10-95 所示。

图10-94 设置不透明度参数

图10-95 降低不透明度后的效果

9. 选择【直线段】工具 ⌿，设置属性栏中的参数 ⌖ 1 pt ▾，绘制两条直线，如图 10-96 所示。

图10-96 绘制的直线

10. 选择【混合】工具 ⌨，先在其中一条线上单击，然后移动鼠标指针到另一条线上单击，混合得到如图 10-97 所示的线效果。

11. 双击 ⌨ 工具，在弹出的【混合选项】对话框中设置参数如图 10-98 所示，单击 确定 按钮，调整混合后的线效果如图 10-99 所示。

图10-97 混合后的效果

图10-98 【混合选项】对话框

12. 执行【窗口】/【描边】命令，在弹出的【描边】对话框中勾选【虚线】复选项并设置虚线为 "2pt"，如图 10-100 所示，线效果如图 10-101 所示。

图10-99　调整混合后的线

图10-100　【描边】对话框

13. 利用工具将最下面的一条虚线选中，然后按住 Shift 键并连续按键盘上向下的方向键，调整虚线之间的行距。设计完成的信纸效果如图 10-102 所示。

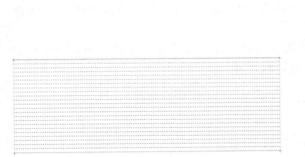

图10-101　设置的线效果

图10-102　设置完成的信纸

14. 按 Ctrl + S 组合键，将文件命名为 "信纸.ai" 并保存。

10.2.7　设计宣传光盘

下面来设计科达荷兰假日房地产项目的宣传光盘。

1. 启动 Illustrator CS6 软件，新建一个文件。
2. 将附盘中 "图库\第 10 章" 目录下名为 "纸纹.tif" 的文件置入。
3. 利用工具绘制一个圆形，按 Shift + F8 组合键，打开【变换】面板，设置参数如图 10-70 所示，绘制的圆形如图 10-104 所示。

图10-103　设置参数

图10-104　绘制的圆形

4. 选择圆形与下面的纸纹，然后执行【对象】/【剪切蒙版】/【建立】命令，得到如图
   10-105 所示的效果。

5. 利用 工具再绘制一个圆形，设置属性栏中的参数 描边 1 pt ，描边颜色为深绿色
   （C:90,M:60,Y:100,K:50），设置圆形大小【W】为 "113mm"、【H】为 "113mm"。

6. 选择圆形和下面的图形，然后单击属性栏中的 和 按钮将其对齐，如图 10-106 所
   示。

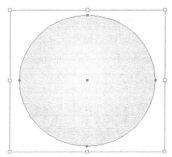

图10-105　创建剪切蒙版后的效果

图10-106　绘制的圆形

7. 利用 工具再绘制两个圆形，其中一个大小为 "20mm"，另一个大小为 "15mm" 并填
   充白色，如图 10-107 所示。

8. 将附盘中的标志、标准字以及图片素材置入，调整大小后放置到光盘上面，再绘制上
   几条线，设计完成光盘，整体效果如图 10-108 所示。

图10-107　绘制圆形

图10-108　置入的图片

9. 按 Ctrl+S 组合键，将文件命名为 "光盘.ai" 并保存。

10.2.8　设计 POP 挂旗

　　POP 挂旗的形式多样，一般有手绘 POP 和印刷 POP 两种。在饭店、餐馆、商场等场合
举行促销活动的时候，一般都是美工人员现场手绘 POP 来悬挂到橱窗上作为广告宣传，而
较大的公司考虑到使用的数量和长久性，一般都采用印刷 POP。下面来设计科达荷兰假日
房地产项目的 POP 挂旗。

1. 启动 Illustrator CS6 软件，新建一个文件。

2. 利用 工具绘制出如图 10-109 所示的图形，然后为其填充深绿色
   （C:90,M:60,Y:100）。

3. 执行【对象】/【变换】/【缩放】命令，弹出【比例缩放】对话框，设置各项参数如图
   10-110 所示，然后单击 复制(C) 按钮，将图形等比例缩小并复制，为复制出的图形填充
   淡黄色（Y:10），效果如图 10-111 所示。

图10-109　绘制的图形

图10-110　【比例缩放】对话框

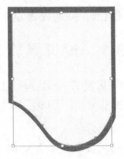
图10-111　复制出的图形

4. 利用【直接选择】工具 将上方的两个控制点选中，然后按住 Shift 键再按向下的方向
   键，将控制点向下调整至如图 10-112 所示的位置。

5. 利用【矩形】工具 ，在旗帜的上方位置绘制矩形，然后利用【渐变】对话框给图形
   填充灰色的渐变颜色，效果如图 10-113 所示。

图10-112　调整后的图形

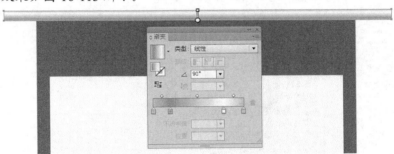
图10-113　填充渐变颜色

6. 将附盘中"图库\第 10 章"目录下名为"标志标准组合.ai"的文件置入，然后删除多余
   的标志图形，并将剩余的标志图形调整大小后放置到如图 10-114 所示的位置。

7. 使用相同的方法，再设计出如图 10-115 所示的 POP 挂旗。按 Ctrl+S 组合键，将此文
   件命名为"POP 挂旗.ai"并保存。

图10-114　置入的标志和文字

图10-115　设计完成的 POP 挂旗

10.3　课堂实训——科达荷兰假日 VI 设计

　　企业 VI 系统包含的设计内容很多，本节列举了 4 个案例，读者可根据自己掌握的情况，自己动手完成课堂实训练习。

10.3.1　设计桌旗

　　桌旗是摆设在领导办公室或会议室桌子上的旗帜，有的包含企业形象，有的还包含国旗。读者可自己动手来为科达荷兰假日房地产项目设计桌旗。

【步骤提示】

1. 利用 工具绘制矩形，并利用【渐变】面板为其添加渐变色，然后将矩形进行复制，并对复制出的图形进行大小及角度的调整，组合出桌旗的支架，效果如图 10-116 所示。
2. 利用 工具绘制圆形，并利用【渐变】面板为其添加渐变色。
3. 用移动复制图形的方法，将圆形移动复制，并将复制出的图形分别放置到如图 10-117 所示的位置，完成桌旗支架的绘制。

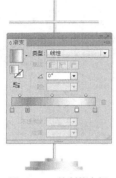

图10-116　绘制的支架

图10-117　绘制圆形

4. 利用 工具沿支架边缘绘制出如图 10-118 所示的线形，其颜色为橘黄色（M:20,Y:95）。
5. 利用 工具依次绘制出如图 10-119 所示的路径，其颜色为橘黄色（M:20,Y:95）。
6. 将绘制的路径同时选中，然后在【画笔】面板中选择画笔，生成的效果及选择的画笔样式如图 10-120 所示。

图10-118　绘制的线形

图10-119　绘制的路径

图10-120　设置画笔

7. 利用 ✎ 工具及复制等操作得到如图 10-121 所示的图形。

8. 将附盘中 "图库\第 10 章" 目录下名为 "标志标准组合.ai" 的文件置入，删除多余的标志图形后，将剩余的标志图形调整大小后放置到如图 10-122 所示的位置。

图10-121　绘制出的图形

图10-122　置入的标志图形

9. 按 Ctrl+S 组合键，将此文件命名为 "桌旗.ai" 并保存。

10.3.2　设计茶具

读者自己动手来设计科达荷兰假日房地产项目的茶具。

【步骤提示】

1. 利用 ✎ 工具和 ⬉ 工具以及【渐变】对话框绘制出如图 10-123 所示的图形。

2. 利用 ✎ 工具和 ⬉ 工具绘制水壶嘴图形。利用【吸管】工具 ✐ 复制填充的渐变颜色，然后再绘制出如图 10-124 所示的水壶把手图形。

3. 绘制水壶的瓶口图形，设置的渐变颜色为深绿色（C:90,M:60,Y:100,K:50）到绿色（C:50,Y: 50）再到深绿色（C:90,M:60,Y:100,K:50）。

4. 再绘制出水壶的瓶盖和底座图形，最后在水壶上面添加标志和象征图像，茶具设计完成，整体效果如图 10-125 所示。

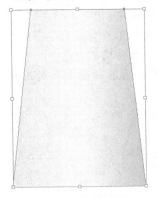

图10-123　绘制的图形

图10-124　绘制的图形

图10-125　绘制完成的水壶

使用相同的绘制方法，读者可自己动手再绘制出如图 10-126 所示的茶杯及碟子图形。

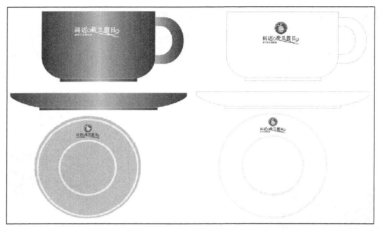

图10-126　茶杯及碟子图形

10.3.3　设计烟灰缸

读者可自己动手来设计烟灰缸。

【步骤提示】

1. 利用 ⬤ 工具绘制一个直径为 "100mm" 的圆形。
2. 执行【对象】/【变换】/【缩放】命令，缩小复制出如图 10-127 所示的圆形。
3. 选择两个圆形，在【路径查找器】中单击 ▣ 按钮，利用小圆形修剪大圆形。
4. 利用 ▣ 工具绘制一个如图 10-128 所示的矩形，
5. 将圆形选择，按住 Alt 键复制一个以备后用，如图 10-129 所示。

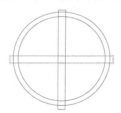
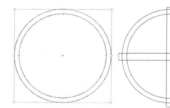

图10-127　绘制的圆形　　　　　　图10-128　绘制的矩形　　　　　　图10-129　复制出的圆形

6. 将矩形和圆形同时选中，在【路径查找器】中单击 ▣ 按钮，利用矩形修剪圆形，得到如图 10-130 所示的形态。执行【对象】/【扩展外观】命令，将图形扩展并填充白色。
7. 将备用的圆形调整得细一些并填充灰色（K:50），然后将其与修剪后的圆形同时选中，如图 10-131 所示。
8. 分别单击属性栏中的 ▤ 和 ▥ 按钮，对齐后的图形形态如图 10-132 所示。

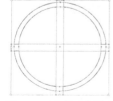
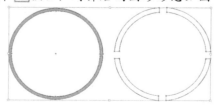

图10-130　修剪后的图形　　　　　图10-131　选择的图形　　　　　图10-132　对齐后的形态

9. 利用 ▣ 工具和 ⬭ 工具绘制出如图 10-133 所示的图形。

10. 将 3 个图形同时选中，在【路径查找器】面板中单击 ▣ 按钮，修剪得到如图 10-134 所示的形态。

图10-133　绘制的图形

图10-134　修剪后的形态

11. 利用 ▣ 工具在下面绘制出如图 10-135 所示小的圆角矩形，将图形选中后在【路径查找器】中单击 ▣ 按钮，将图形相加，得到如图 10-136 所示的形态。

图10-135　绘制小圆角矩形

图10-136　结合后的形态

12. 利用 ▣ 工具绘制两个绿色的图形，如图 10-137 所示，颜色填充分别为绿色（C:50,Y:100）、深绿色（C:90,M:60,Y:100,K:50）。

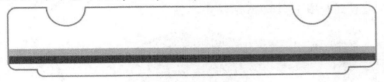

图10-137　绘制的图形

13. 在烟灰缸上添加标志和标准字，设计完成的烟灰缸如图 10-138 所示。

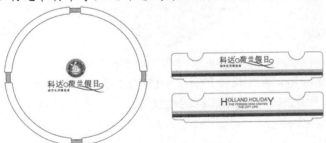

图10-138　设计完成的效果

14. 按 Ctrl+S 组合键，将文件命名为"烟灰缸.ai"并保存。

10.3.4　设计雨具

读者可自己动手来设计企业雨具。

【步骤提示】

1. 利用 ⬭ 工具绘制出如图 10-139 所示的八边形。

2. 将图形旋转一定角度，然后利用 ✐ 工具绘制三角形，将三角形的填充色设置为绿色（C:50,Y:100），去除描边，如图 10-140 所示。

3. 利用 ▣ 工具绘制一个矩形，填充色为深绿色（C:90,M:60,Y:100,K:50），去除描边。

4. 利用 ⟳ 工具将矩形旋转角度后放置在如图 10-141 所示的位置。

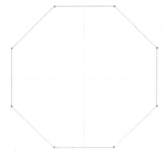

图10-139　绘制的图形

图10-140　绘制的三角形

图10-141　绘制的矩形

5.　将八边形选中并删除，然后选择三角形和矩形，选择  工具，将鼠标指针放置在参考线的交点位置后单击设置旋转中心的位置。

6.　按住 $\boxed{Shift}$ 键和 $\boxed{Alt}$ 键，然后按下鼠标左键并拖动，旋转复制图形，如图 10-142 所示。

7.　按住 $\boxed{Ctrl}$ 键，再连续按 $\boxed{D}$ 键，旋转复制出如图 10-143 所示的图形。

8.　将图形更改不同的颜色，然后在中心位置绘制一个小的圆形。

9.　将附盘中 "图库\第 10 章" 目录下名为 "标志标准组合.ai" 的文件置入，将需要的标志调整大小后放置到如图 10-144 所示位置。

图10-142　旋转复制状态

图10-143　旋转复制出的图形

图10-144　置入的标志

10.　利用 工具及旋转复制操作旋转复制出如图 10-145 所示的标志图形。

　　至此，雨具就设计完成了。使用相同的绘制方法，读者还可以自己动手绘制出如图 10-146 所示的另外两种雨具。

图10-145　复制出的图形

图10-146　绘制的其他两种雨具

11.　按 $\boxed{Ctrl}$+$\boxed{S}$ 组合键，将文件命名为 "遮阳伞.ai" 并保存。

10.4 课后作业

1. 根据本章所学习的内容，读者自己动手设计如图 10-147 所示的信封。

图10-147 信封

2. 根据本章所学习的内容，读者自己动手设计如图 10-148 所示的车体广告。

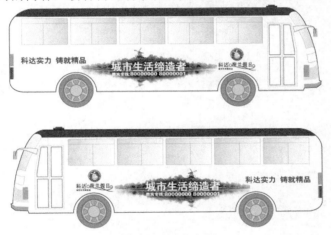

图10-148 车体广告

3. 根据本章所学习的内容，读者自己动手绘制如图 10-149 所示的工地入口效果图。

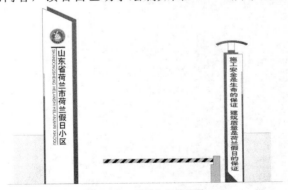

图10-149 工地入口效果图